生き物がいるかもしれない
星の図鑑

太陽系や系外惑星、億兆の中に生命はあるか

荒舩良孝

JN088028

SB Creative

著者プロフィール

荒舩良孝(あらふね・よしたか)

1973年、埼玉県生まれ。科学ライター・ジャーナリスト。東京理科大学在学中より科学ライターとしての活動を始め、ニホンオオカミから宇宙論まで、幅広い分野で取材・執筆活動を続けている。著書に『宇宙と生命 最前線の「すごい!」話』(青春出版社)、『5つの謎からわかる宇宙』(平凡社)、『思わず人に話したくなる 地球まるごとふしぎ雑学』(永岡書店)、『マンガでわかる超ひも理論』(SBクリエイティブ)』などがある。

本文デザイン:クニメディア株式会社

校正:曽根信寿、秋山勝、株式会社 聚珍社

はじめに

　私たちは地球上で暮らしています。そして、地球は宇宙の一部です。つまるところ、私たちは「宇宙に住んでいる宇宙人」ともいうことができます。

　そのような一面もあるからか、私たちは宇宙に憧れます。2020年には、アメリカの民間企業スペースXが製作、運用をする宇宙船「クルー・ドラゴン」で宇宙飛行士が国際宇宙ステーション（ISS）まで行き、帰ってきました。クルー・ドラゴンは2021年秋頃に、民間人4名による宇宙飛行を計画しています。サブオービタル飛行（放物線を描くように高度100km程度まで上昇し、地上に戻る弾道飛行）による宇宙旅行が本格化すれば、宇宙に行く人はさらに多くなるでしょう。

　宇宙飛行は限られた人だけのものから、たくさんの人たちが経験できるものに変わりつつあります。人間が地球を離れ、宇宙で暮らす時代もそう遠くないかもしれません。

　これから私たちの目はますます宇宙に向いていきます。そうなると気になってくるのは、地球以外の天体に生命がいるかどうかです。この問いは、人類が長年考え続けてきたことではないでしょうか。

古代から伝わる神話や伝説には、人智を超えた神のような存在や宇宙で暮らす人などが登場します。これらの存在や人は、地球以外の生命という意味では宇宙人といえるでしょう。

　時代が進み、宇宙の様子がわかってくると、具体的な天体に生命がいるかどうかが話題にのぼるようになります。ただし、長い間、宇宙人や地球外生命の存在は、現実的なものではなく、小説や映画などのフィクションの中だけで語られるものでした。

　しかし、その構図はこの数十年で大きく変わっています。宇宙の研究が進んだことで、この宇宙の中に生命が存在できそうな天体がたくさんあることがわかってきました。宇宙人や地球外生命はフィクションの中で終わらず、科学の手が届くものになったのです。

　今や地球外生命探しは、宇宙研究の主要な分野の1つとなりました。人類は、様々な天体を観測し、天体そのものの特徴に加えて、生命が暮らせるかも調べています。

　その際に必要になるのが、宇宙だけでなく、生命、化学、地球環境など、様々な分野の知識です。実際、たくさんの分野の研究者が地球外生命の研究に参加しています。

　そこで、この本では、生命とは何かを考えるところから話を始め、天体ごとに、研究の状況や地球外生命が存在する可能性などをまとめました。

　以前は「生命が存在するのは地球だけでは」と考えられていた太陽系内でも、生命存在の可能性が語られる天体が意外に多いことに気づくはずです。さらに地球から離れた、太陽系の外に目を向けると、生命の存在が期待される惑星がたくさんあることがわかってきました。

　太陽系外惑星（系外惑星）には、まだわからないこともたくさんありますが、生命の存在が期待できそうなものを中心に、どのような惑星があるかを紹介しています。系外惑星にはいろいろな種類があることに、驚かれる人もいるでしょう。

　この本を通して、宇宙には生命がいそうな天体がたくさん発見されていること、宇宙生命の研究がどのくらい進んでいるのかということを知っていただければと思います。

　宇宙人や地球外生命はまだ発見されていませんが、多くの天文学者は確実に存在すると信じて、研究を続けています。研究が進むと、それぞれの天体に生命が存在するかどうかもわかってくることでしょう。

　地球外生命の研究は、この20年ほどで大きく発展してきましたが、私たちは、まだほんのわずかなことしかわかっていません。いつか地球外生命が発見されたときに、「この本で読んだことがある」と、思い出していただけるようになれば、とてもうれしいです。

2021年7月

荒舩良孝

太陽系や系外惑星、億兆の中に生命はあるか

生き物がいるかもしれない星の図鑑

CONTENTS

CONTENTS

第一章

宇宙に生命はあるか

地球と宇宙と生命

　この地球上には数え切れないほどたくさんの生物がいます。人間もその一種です。その数は、確認されているものだけでも約190万種。まだ人間が確認できていない生物もいるはずなので、正確なところは誰にもわかっていません。

　わからないことは他にもあります。この宇宙には生命がどのくらいいるのかです。私たちは地球で暮らしていると同時に、この宇宙でも暮らしています。つまり、人間は宇宙の一員といえるわけですが、私たちは宇宙の大きさをわかっていません。しかも、この宇宙の中に、どのくらいの天体があるのかも知りません。

　地球や太陽が含まれている天の川銀河には、太陽と同じような恒星が2000億個ほどあると考えられています。しかも、宇宙には天の川銀河のような銀河が2000億あるとも、2兆あるともいわれています。まさに文字通り、星の数ほどあります。これらの数値は、計算する際に推測も入っているので、本当のところは誰にもわからないのです。

　これほど広い宇宙の中で、生命の存在が確認されているのは、今のところ地球だけです。地球はこの宇宙の中で、生命の存在するたった1つの天体なのでしょうか。そうだとすると、地球はこの宇宙の中で、とても孤独な天体だといえます。

「宇宙の中で、地球以外に生命がいるのか」

　この疑問は誰もが一度は抱いたことがあることでしょう。宇宙人が登場する映画や小説はたくさん世に出ています。これは、たくさんの人たちが宇宙人に興味をもっている証拠の1つではないでしょうか。しかも、ここ数十年の間に、これまで、想像の世界でしか語ることのできなかった地球外生命が、科学的な研究の対象になってきました。例えば、太陽以外の恒星の周りでも、惑星がたくさん発見されるようになっています。また、太陽系の中でも、生命の存在する可能性が以前より高いと考えられるようになってきました。

海辺から見た天の川（熊本県天草市）

最近は、地球の生命そのものが、宇宙とつながっているかもしれないという説も出てきました。地球には多種多様な生物が暮らしていますが、その起源をたどっていくと、宇宙に行きつくと考える研究者もいるのです。

　生物学では、個々の生物種の特徴などを研究したり、見た目の特徴などから生物を分類したりすることが多かったのですが、生命の設計図である遺伝情報の存在が明らかになると、遺伝情報を解読し、比較することで、生物の進化の過程がある程度わかるようになってきました。つまり、遺伝情報の配列が似ていて、同じような働きをする遺伝子をたくさんもっている生物は、比較的最近分かれた近縁の種で、同じような遺伝子があまりない生物は、遺伝的に遠い位置関係にあることがわかります。

　そのようにして、生物の進化をたどっていくと、現在の生物はすべて共通の祖先から枝分かれしたのではないかと考えられるようになったのです。この祖先のことを「最終共通祖先」（Last Universal Common Ancestor：LUCA）といいます。

　現在、地球に存在する生物は、生命の設計図である遺伝情報が、アデニン（A）、チミン（T）、グアニン（G）、シトシン（C）の4種類の塩基によって記録されています。そして、この遺伝情報からつくられるたんぱく質は、20種類のアミノ酸によって構成されています。この2つが、地球上の生物の大きな特徴です。そのため、最終共通祖先の正体がもっとよくわかってくれば、地球生命がどのように生まれたのかがよくわかるようになるでしょう。宇宙の生命の話をするために、もう少しだけ地球生命について考えていきましょう。

宇宙由来のアミノ酸などから、たんぱく質やDNA、単細胞生物、多細胞生物、ヒトまでのつながりのイメージを示した図

画像：国立天文台

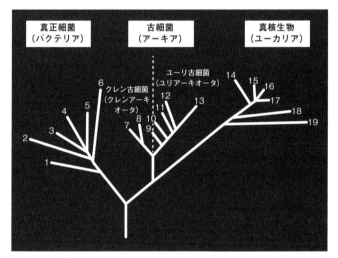

生物の進化系統樹
Carl R. Woese, Otto Kandler, Mark L. Wheelis"Towards a natural system of organisms: Proposal for the domains Archaea, Bacteria, and Eucarya"(*Proceedings of the National Academy of Sciences of the United States of America* Vol. 87, pp.4576-4579, 1990)を改変

生命とは何か

　生命とは、いったい何でしょう。これはとても難しい問題です。実は、生命の定義はあまりはっきりとは決まっていません。ひと言で生命といっても、大腸菌のように目に見えないほど小さなものから、ゾウやクジラのような大きなものまで、多種多様です。これらの生命に共通するものは何なのでしょうか。

　生命を細かく見ていくと、細胞という単位に行きつきます。細胞は、膜によって外界と区切られていて、その中にはDNA（デオキシリボ核酸）などの核酸と様々なたんぱく質が存在しています。DNAには生命の設計図である遺伝情報が、4種類の塩基により記録されていて、その記録を使いながら、決まった手順でたんぱく質がつくられます。

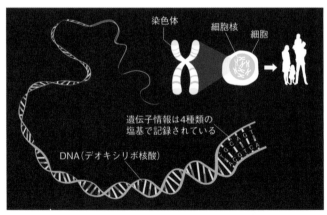

DNAは、アデニン（A）、チミン（T）、グアニン（G）、シトシン（C）の4種類の塩基などから構成されている

　細胞は外界からいろいろな物質を取りこんで、細胞内にあるたんぱく質などと化学反応を起こすことで、生命としての機能を維持しています。このような化学反応を代謝といいます。さらに、生命は複製や増殖を繰り返すことで、地球上に広がってきました。

　これらの情報を総合すると、生命は「膜によって外界と区別されていて、その中で代謝をおこない、複製や増殖を繰り返すもの」といえるでしょう。確かに、これは間違ってはいません。地球上のすべての生物に当てはまる定義です。でも、この条件を満たしているものが必ず生物といえるのか、もしくは、この条件を満たしていない生物が存在するのかは、誰にもわかりません。

　地球生命の遺伝情報が4種類の塩基で記されていること、そして、体をつくるたんぱく質が20種類のアミノ酸からできていることなど、共通しているように見える事柄は、結果的にそうなっているだけかもしれないのです。

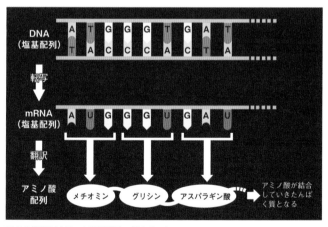

DNAの情報をもとに、たんぱく質はつくられていく

それを確かめるには、地球外生物を実際に発見して、詳しく調べてみるしかないのですが。宇宙での生命探査は、生命とは何かを考えるうえでも、とても重要になってきたのです。

　人間や哺乳類などの大型の動物を中心に考えると、生物の生息範囲は狭そうに感じますが、細菌（バクテリア）や古細菌（アーキア）などの微生物は、様々な環境に生息しています。例えば、人間は酸素のない場所では生きていけませんが、酸素のない場所でも生きていける微生物はたくさんいます。他にも、温度、酸性度、アルカリ性度、塩濃度の高い場所など、人間では考えられないほど過酷な環境にも、様々な微生物が暮らしています。最近では、地上から数十km離れた上空でも、微生物が採取されています。このような過酷な環境に暮らす微生物のことを極限環境微生物といいます。

　生命の起源を考えるときに、極限環境微生物はとても重要です。というのも、地球は約46億年前に誕生してからしばらくの間は酸素のない環境だったからです。地球に初めて登場した生物は、酸素のない場所に生息する嫌気性の生物だったはずです。それから20億年ほどは嫌気性の生物が大いに栄えました。

　しかし、今から27億年くらい前に地球生物にとっての大事件が起きました。光合成によって酸素を発生させるシアノバクテリア（藍藻）が生まれ、急激に増えていったのです。シアノバクテリアが増えたことで、海中や大気中の酸素濃度は次第に上がっていきました。嫌気性の生物にとって酸素は毒のようなものです。酸素のある場所では、嫌気性微生物は生きていくことができません。これまで地球に広がっていた嫌気性微生物は次第に影を潜めていきました。その代わり、酸素に対応した生物が登場し、数を増やしていったのです。

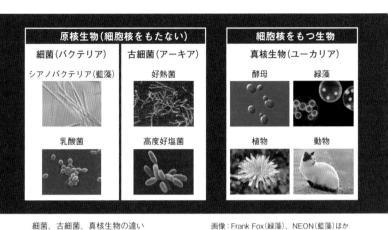

細菌、古細菌、真核生物の違い　　　　　　　　　画像：Frank Fox（緑藻）、NEON（藍藻）ほか

シアノバクテリアの死骸などでできた岩石「ストロマトライト」（オーストラリア・シャークベイ）

地球生命はどこで生まれた

　地球上に初めて生物が現れた年代はあまりはっきりとしていませんが、北西グリーンランドのイスアで発見された、今から38億年前につくられたと考えられる岩石には、ある程度の数の生物がいた痕跡が見られました。この地球で最初に誕生した生物は、どんなものだったのでしょうか。そのヒントは、地球の生物の最終共通祖先にあると考えられています。

　地球の生物の遺伝情報を分析し、たどりついた最終共通祖先は、超好熱メタン生成菌に近い遺伝情報をもっていることがわかりました。超好熱メタン生成菌は、深海に点在する熱水噴出孔に生息しており、熱水噴出孔から出てくる水素などの化学物質をエサにして活動をおこなっています。このとき、メタンを発生させます。また、名前の通り、80℃くらいの高温環境に生息しています。

　このことから、地球生命が誕生したのは、熱水噴出孔のような環境ではないかと考えられています。熱水噴出孔は、海底に染みこんだ海水が、海底下のマグマの熱によって熱せられて、400℃近い温度の熱水となって噴き出します。そのとき、熱水に溶けこんで、水素の他に、鉄、亜鉛、コバルト、二酸化ケイ素、硫化水素など、たくさんの化学物質が噴出します。そのため、熱水噴出孔の周りには、化学物質をエサに

熱水噴出孔(マリアナ海溝)。白い煙のような、二酸化炭素を含んだ熱水の噴出が見られる
画像：NOAA

してエネルギーを得る化学合成微生物がたくさん集まります。そして、それらの微生物を食べるために、カニやエビなどの生き物もやってきて、太陽光が降りそそぐ浅瀬とは違う独自の生態系をつくっています。

熱水噴出孔（マリアナ海溝）。暗い煙のような熱水の噴出や、エビやカニの姿が見られる

画像：NOAA

　先ほど熱水噴出孔から400℃近い熱水が噴出すると説明しましたが、「ちょっとおかしいのでは」と思った人もいるのではないでしょうか。水はふつう、100℃で沸騰して水蒸気になります。ですから、「400℃の熱水なんてできない」と思っても不思議ではありません。でも、深海底では、熱水は400℃近くになっても水の状態を保っています。種明かしをしてしまうと、100℃以上の熱水が存在できるのは水圧のおかげです。圧力の高い場所では、水は100℃を超えても水の状態で噴き出すのです。

　ちょっと脱線してしまったので、話を元に戻しましょう。地球に生物が誕生した頃は、地球にはまだ酸素がありませんでした。酸素がない状況で生物がエネルギーを得るには、メタン生成菌のような化学合成をおこなうのが合理的な気もします。また、初期の地球では、海底もあまり冷えていなかったかもしれません。熱水噴出孔のような場所が海底にはたくさんあったかもしれないで

すし、海底のほとんどが熱水噴出孔のような状態だったということもありえます。

　そう考えると、最初の生命が熱水噴出孔で生まれたという説は、説得力があります。しかし、熱水噴出孔説には欠点もあります。まず、当たり前の話ですが、深海底には水が大量にあります。そのため、生命の構成要素となる化学物質が存在しても、集まって1つの細胞や生命にはならないのではないかというのです。また、核酸のような複雑な分子をつくるには、乾燥も重要な工程になります。たくさんの水がある海底では乾燥などがおこなわれず、複雑な分子はできないのではないかという意見もあります。

　では、他に生命誕生の舞台と考えられる場所はないのでしょうか。実は、注目を集めているのが、陸上の温泉です。日本は温泉が豊富で、日本人は温泉に接する機会が多いので、温泉が生命誕生の舞台かもしれないと聞いても、すぐにはピンとこないでしょう。それどころか、「そんなふつうの場所で？」と思うかもしれません。しかし、温泉はふつうの場所ではありません。

　温泉も熱水噴出孔と同じように、熱水と一緒に地下からたくさんの化学物質が噴出します。生命が誕生した頃は、大気には酸素はありません。環境は深海底の熱水噴出孔と似ています。しかも、地上の温泉には、深海底にはない利点があります。それが乾燥できる環境です。日本や世界の温泉地を思い浮かべてみてください。温泉にはお湯が絶えず流れ続けるものもあれば、間欠泉のように一定間隔で噴き出すものもあります。どちらのタイプのものでも、近くにある窪地にお湯が溜まれば、やがて水が蒸発して干上がることがあります。

　水が蒸発していくと、その中にある化学物質が出会い、反応しやすくなるので、初めは簡単な分子しかなくても、時間の経過と

ともに、複雑な分子ができる可能性があります。そして、再び、温泉のお湯が入ってくれば、新しい分子も入ってくるので、さらに新しい反応が起こることでしょう。

　陸上温泉起源説を支持する人は、このような過程を繰り返すことでやがて生命が誕生したと考えています。もしかしたら小さな窪みで、細胞膜の原型となるものに囲まれた生物も誕生しているかもしれません。実際、オーストラリアではこの説を支持するドレッサー累層という地層が発見されています。この地層は、約35億年前につくられたもので、間欠泉の痕跡や微生物の集まった

バイオマットのようなものがありました。なぜ、バイオマットのようなものがあったのかは謎のままですが、古代の地球では地上に温泉環境が存在していたことを示しています。

　最初の生命が地上の温泉で生まれたとしても、その生命が海底に移動し、熱水噴出孔の近くに棲みついた可能性もあります。今後の研究によって、最終共通祖先の正体が明らかになれば、この熱水噴出孔説、温泉説のどちらが正しいかもわかってくることでしょう。

ストロマトライトのサンプル（オーストラリア・マーブルバー）。シアノバクテリアのマットによる層状構造が見られる。34億8000万年前のもの
画像：James St. John

グランド・プリズマティック・スプリングと呼ばれる熱水泉（アメリカ・イエローストーン国立公園）。生息するバクテリアによって独特の色彩となっている

地球生命と宇宙の関係

　地球生命について、よくわかっていないことはもう1つあります。それは、生命の材料となった物質が、どのようにもたらされたのかです。生物を構成するのは、複雑な構造をもった有機分子です。これらの分子は、水素、炭素、窒素、酸素などを中心に約20種類の元素でつくられています。複雑な有機分子はどのように地上に現れ、生命となっていったのでしょうか。

　この問題に取り組んで注目を集めたのが、アメリカの化学者スタンリー・ミラーです。ミラーは、初期の地球大気からアミノ酸ができるかどうかを確かめるために、1953年に彼の指導教員だったハロルド・ユーリーとある実験をおこないました。この当時、地球初期の大気は、メタン、アンモニア、水素、水（水蒸気）などで構成されていると考えられていました。

　2人の実験は、これらの気体を1つの容器に入れて、6万ボルトの高電圧をかけて繰り返し放電するというものです。実験装置には、原始の海に見立てた水を入れた容器が接続されていて、実験後に水を分析したところ、グリシン、アラニン、アスパラギン酸、グルタミン酸といったアミノ酸などの有機分子がつくられていました。アミノ酸は、生命の材料となるたんぱく質などの材料になる分子です。初期の大気と思われる成分から、アミノ酸がつくられる可能性が示されたことは、世界中に衝撃を与えました。

　ちなみに、高電圧の放電は、初期の地球で頻繁に起こったと考えられる雷を模したものです。その後、この実験と同じような実験がいくつもおこなわれ、雷の他にも、紫外線、熱、衝撃波などの影響を受けることで、初期の地球大気からアミノ酸ができる

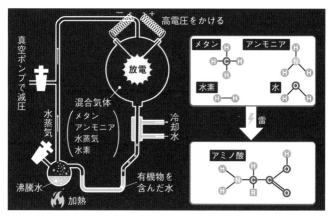

ユーリーとミラーの実験
Stanley L. Miller "A Production of Amino Acids Under Possible Primitive Earth Conditions"
(*Science* Vol. 117, Issue 3046, pp. 528-529, 1953)を改変

ことが示されました。

　ところが、その後の研究によって、初期の地球大気の主成分は二酸化炭素、窒素、水蒸気だったのではないかと考えられるようになってきたのです。これらの成分では、初期の地球大気からアミノ酸は、簡単にはできません。他のルートでの供給が必要です。

　そこで注目されるようになったのが、宇宙です。宇宙空間は、地球と比べると物質の密度がとても小さいので、何もないようなイメージをもつ人もいるでしょう。しかし、宇宙には有機物がたくさん存在します。また、隕石の中からアミノ酸や、DNAを構成するアデニン、グアニンといった塩基などが発見されていますし、宇宙の中を漂っている細かい塵である宇宙塵にも複雑な有機物が含まれていました。これらの研究結果から、地球生命の材料は隕石からもたらされたのではないかという説も唱えられています。

地球から約6億8200万km離れたところにある、チュリュモフ・ゲラシメンコ彗星。ヨーロッパ宇宙機関（ESA）の探査機ロゼッタの観測で、グリシン（アミノ酸の一種）が見つかっており、微生物が存在するという説が唱えられている
画像：ESA/Rosetta/Philae/CIVA

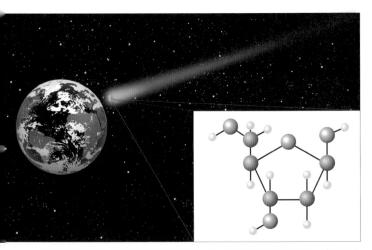

彗星が「生命のもと」を運んできたとする説のイメージ。地球に落ちた隕石からリボース（RNAに含まれる糖分子）が見つかっている

ハビタブルゾーンと生命

　いよいよ、地球以外の星にも目を向けてみましょう。ある天体に生命が存在するためには、有機物、液体の水、エネルギーの3つの要素が必要です。その中でも大きな鍵を握るのが、液体の水の存在です。生命を構成しているものは複雑な構造をした分子である有機物です。たくさんの分子が出会い、反応することで、生命は自身の活動に必要なエネルギーを生み出したり、複製をつくったりすることで、生命活動を維持しています。私たちの人間の体も半分以上が水で構成されています。それだけ、生命にとって水の存在は重要なものなのです。

　液体の水は様々なものを溶かしこむ性質をもっているので、たくさんの有機物が出会い、反応する場となります。つまり、生命が生まれる可能性が出てくるのです。天体に液体の水が存在するかどうかは、その天体に生命が存在するかどうかの大きな指標となります。

　惑星の場合は、中心星となる恒星からの距離が、液体の水の存在に大きく関わっています。恒星は自ら光り輝くことで、周囲に熱と光を放出します。その熱と光は、周りに位置する惑星の環境に大きな影響を及ぼします。そして、中心星からどの程度の熱や光が届くのかは、中心星からの距離によって決まるのです。

　ここで少し話を整理しましょう。中心星からの距離が近すぎると、中心星からの熱と光が強すぎて、水は蒸発し、気体の水蒸気になってしまいます。太陽系では、水星や金星がこの状態です。しかし、中心星から遠すぎると、今度は表面に水があっても凍ってしまい、やはり液体の水が存在できません。太陽系では火星よ

り遠い場所はそのような状態になっていると考えられています。ただし、初期の火星は、高濃度の二酸化炭素の大気が存在していたため、表面に液体の水が存在していたようです。

　惑星の表面に液体の水が存在するためには、中心星からの距離が近すぎず遠すぎない、ちょうどいい距離に惑星が位置する必要があります。そのような距離に収まる範囲をハビタブルゾーン（生命居住可能領域）といいます。太陽系の中でハビタブルゾーンに入るのは地球だけです。このような意味でも、地球はとても貴重な惑星なのです。ちなみに、ハビタブルゾーンには地球の衛星である月も入っています。しかし、月には大気や液体の水が存在していないので、生命はいないと考えられています。

　では、太陽系の中に、生命が存在する可能性のある天体は存在しないのでしょうか。実は最近になって、いろいろな天体に生命が存在するのではないかといわれるようになりました。次の章で、どのような天体があるのか見ていきましょう。

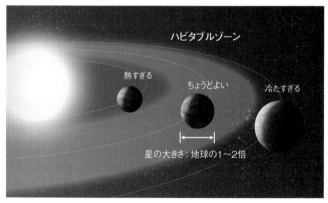

ハビタブルゾーンのイメージ　　　　　　　　　　　　　　　画像：NASA

第二章

太陽系に私たち以外の
生命はあるか

火星

　太陽系の第四惑星、火星。地球のすぐ外側に位置する惑星であることから、よく観測されている天体の1つです。地球外生命を考えるとき、火星は外すことのできない天体といえるでしょう。というのも、人類が地球外生命の存在を具体的に意識した最初の天体だったからです。

　火星に地球外生命が存在するかもしれないという説が最初に発表されたのは、19世紀の終わり頃です。この説を発表したのは、アメリカの実業家でもあったパーシバル・ローウェル。彼は私財

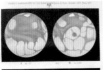

ジョバンニ・スキャパ
レリが描いたとされ
る火星のスケッチ
（1877〜1878年
のもの）

ジョバンニ・スキャパレリ（1835〜1910年）。アキー
レ・ベルトラーメの絵より

を投げ打って、1894年にアメリカのアリゾナ州フラッグスタッフにローウェル天文台をつくり、火星の観測に没頭しました。

　彼を観測に駆り立てたのは、イタリアの天文学者ジョバンニ・スキャパレリによって描かれた火星表面でした。そのスケッチには、直線状の筋模様がたくさん描かれていて、その模様が「カナリ」と説明されていました。

　イタリア語では、「カナリ」は「筋」「溝」「水路」という意味合いの言葉なので、スキャパレリとしては、単に直線状の筋があるという程度のことだったのかもしれません。しかし、このスケッチが世界に広まり、ローウェルが知るときには、運河を意味する「カナル」として伝えられていました。

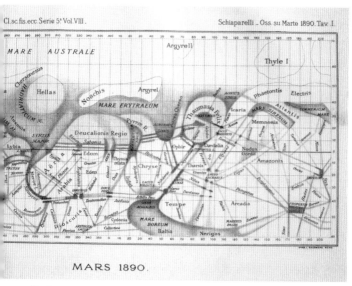

ジョバンニ・スキャパレリが描いたとされる火星図（1890年のもの）

ローウェルが天文台をつくったのは、これを見るためだったのです。実際、彼は天文台に設置された、当時としては最先端の望遠鏡で火星表面を観察し、運河のような直線状の模様があることを確認しました。そして、火星の表面にたくさんの運河がつくられているということは、火星には高度な文明をもつ知的生命体、つまり火星人がいると結論づけたのです。

　ローウェルの火星人存在説は、世界中に大きな衝撃を与え、たくさんの人たちが火星に注目するきっかけとなりました。また、イギリスの小説家ハーバート・ジョージ・ウェルズは、ローウェルの説に刺激を受けて、火星人が地球に攻めてくるSF小説『宇宙戦争』を1898年に発表しました。しかし、専門家はこの説に半信半疑で、大きな論争に発展していきました。

　19世紀末に提唱されたローウェルの火星人存在説は、当時の観測技術では確かめようのないものでした。この説が具体的に検証できるようになったのは、20世紀後半に入ってからです。1957年、

パーシバル・ローウェル（1855〜1916年）

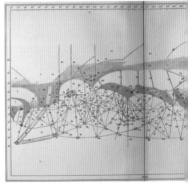

パーシバル・ローウェルが描いた火星の地図
（1896年のもの）

ソビエト連邦（ソ連、現在のロシア）が1957年に世界初の人工衛星スプートニク1号の打ち上げに成功したことで、宇宙時代の幕が切って落とされました。1964年にはアメリカの探査機マリナー4号が火星に近づき、すれ違いざまに観測する「フライバイ観測」をおこないました。このとき、火星表面の画像が20枚ほど撮影されたのです。

　1971年には、アメリカの探査機マリナー9号が世界で初めて火星の周回軌道に投入されました。マリナー9号が撮影した画像は7329枚。火星表面の約80％の領域が画像データとして地上に送られたことで、火星表面の地形が詳しくわかるようになったのです。

　ただし、これらの地形の中には、ローウェルが主張したような運河はどこにも見られませんでした。もちろん、火星人や火星文明の痕跡も発見されません。この結果、ローウェルの唱えた火星人存在説は否定されました。

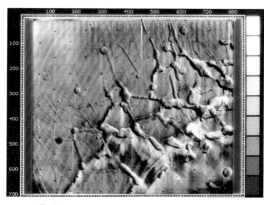

マリナー9号が送ってきた火星表面の画像（1972年撮影）　　　画像：NASA

それでは、火星に生命は存在しないのでしょうか。実は、そうともいいきれません。火星には、火星人のような大きな生物はいませんでしたが、肉眼では見えない微生物が存在する可能性があるのです。既に、アメリカを中心として、ソ連、ヨーロッパ、インド、中国などの国や地域が火星に探査機を送っています。

　火星探査は、最初はフライバイ探査や周回軌道を回る周回機によって遠くから観察する方法だけだったのですが、火星表面の様子がわかってくるにつれて、着陸機（ランダー）や探査車（ローバー）を送り、火星の大地からより詳しい情報を収集するようになりました。なお、日本も1998年に火星探査機のぞみを打ち上げましたが、火星の軌道に投入することはできませんでした。

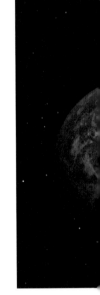

　これらの探査によって、火星は過去、地球のように温暖湿潤で、液体の水が豊富な惑星だったかもしれないということが明らかになってきています。現在の火星は、赤く乾いた大地が広がる惑星で、生命の存在はほぼ感じられません。ときおり吹きあれる砂塵嵐は、生命に対して過酷な環境であることをさらに強く印象づけます。

　しかも、火星表面にはほぼ大気がなく、表面はほとんどの場所で0℃以下です。年間を通じて最高気温は20℃程度、最低気温はマイナス140℃以下となり、年間の平均気温はマイナス40℃に届きません。このような惑星が、過去に温暖湿潤だったなんて、にわかには信じられない話かもしれません。

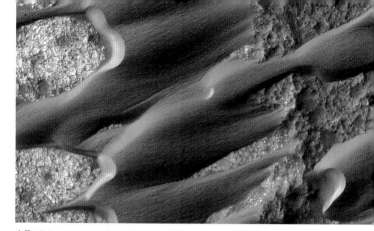

火星にある、ニリパテラの砂丘。継続的に撮影すると、風によって形が変わっていくことがわかる
（2014年撮影）
画像：NASA/JPL-Caltech/Univ. of Arizona

水と大気が多く存在していた頃の火星（左）と今の荒涼とした火星（右）のイメージ
画像：NASA's Goddard Space Flight Center

しかし、火星の表面を調べてみると、海や川がないとつくられるはずのない堆積岩が存在すること、液体の水が存在することでできる鉱物などが発見されました。これらの発見は、過去の火星の表面には、地球と同じように、海や川といった液体の水が存在していたことを示しています。

　また、現在、火星の大気圧は地球の100分の1ほどしかありませんが、誕生したばかりの火星には二酸化炭素を中心とした大気が1気圧ほど存在していた可能性があります。二酸化炭素は、気温を上げる温室効果ガスの1つです。

　火星は地球よりも太陽から離れているので、太陽からやってくる熱や光は地球よりも小さいのですが、温室効果のある二酸化炭

火星のヒドゥンバレーと呼ばれる小さな谷の露頭（2014年撮影）。かつては水があったと考えられ、川などの堆積物が残されている
画像：NASA/JPL-Caltech/MSSS

素の大気がたくさんあった頃は、大気中に熱が蓄えられ、地球のように温暖で湿潤な環境が維持されていたのかもしれません。この頃であれば、火星の表面に海や川が存在していてもおかしくないでしょう。

　そして、海や川があったということは、生命が誕生していた可能性もあるのです。火星では、まだ生命が発見されていませんが、過去の火星には生命が存在していたかもしれません。現在の火星探査では、微生物そのものを発見するための探査もおこなわれていますが、過去の微生物が残した痕跡も探しています。その痕跡が見つかるだけでも、地球以外の天体に生命がいた証拠になるので、宇宙生命科学にとって大発見となるのです。

火星のイエローナイフ湾から見たグレネルグ地域の堆積物（2013年撮影）
画像：NASA/JPL-Caltech/MSSS

火星が温暖湿潤の気候だったのは、誕生から3億年ほどの間であったと考えられています。それより時間が経つと、火星の大気は急速に失われ、現在のような荒涼とした環境になったといいます。このような環境で生命が暮らしていけるのでしょうか。

　生命が存在するためには、「有機物、液体の水、エネルギー」の3つの要素が必要だといわれています。実は、これまでの探査から、火星の地下には氷や水が存在することがわかってきました。

　例えば、2007年に打ち上げられ、2008年に火星の大地に降り立ったアメリカの着陸機マーズ・フェニックス・ランダーは、北極地方の地面に深さ7〜8cmほどの溝を掘り、白い物体が存在することを発見しました。この物体は、発見から4日後には消えてし

フェニックスの火星調査イメージ　　　　　　　　　　　　画像：NASA

まったので、氷や霜であると考えられています。その後、フェニックスがこの土壌を加熱したところ、水蒸気が発生したことから、白い物体は氷や霜である可能性が高まりました。

　また、2005年に打ち上げられ、2006年に観測を始めたアメリカの周回機マーズ・リコネッサンス・オービターは、夏に現れて秋になると消えていく、謎の縞模様を発見しました。この縞模様は、夏になると繰り返し現れます。そのため、「RSL」(Recurring Slope Lineae：繰り返し現れる斜面の筋模様)と呼ばれました。この模様は、まるで液体の水が流れた後のように見えることや、含水鉱物がたくさん含まれていることなどから、火星の地下に氷や水が存在する証拠の1つと考えられています。

フェニックスが記録した、2008年6月15日（左図）と19日（右図）の画像。左図で溝の中の左下にあった白い塊（右上に拡大）が4日間でなくなっている
画像：NASA/JPL-Caltech/University of Arizona/Texas A&M University

マーズ・リコネッサンス・オービターの火星調査イメージ　　　　　画像：NASA

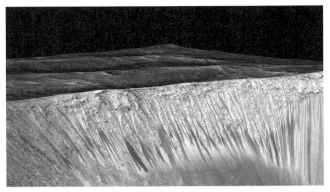

マーズ・リコネッサンス・オービターがとらえた筋模様(2013年撮影)。水の流れによってできたように見える
　　　　　　　　　　　　　　　　　　　　　　画像：NASA/JPL-Caltech/Univ. of Arizona

パーサヴィアランスの火星調査イメージ　　　　　　　　　　　画像：NASA/JPL-Caltech

　もし、火星の地下に氷や水がたくさんあれば、微生物が存在する可能性も高まります。火星の地下に氷や水、そして微生物が存在することを示す直接的な証拠の発見が待たれます。現在、火星にはたくさんの探査機が送りこまれています。

　その中で特に注目されているのが、2021年に火星に到着したアメリカの探査車、パーサヴィアランスです。

　パーサヴィアランスには23台のカメラと7種類の観測装置が搭載されており、火星の大気や地質などを詳しく調査していきます。その中のシャーロックという装置は、アームの先端に取りつけられた、有機物や鉱物を分析できる顕微鏡などの機器で構成されており、過去に存在していたであろう生命の痕跡を探します。

　また、インジェニュイティと名づけられたヘリコプター型のドローンも搭載されていて、これまで誰も目にすることのなかった鳥のような視点で、火星の大地を見ることができます。これによって、周回機では見落とされていた新たな地形が見つかる可能性もあります。

さらにパーサヴィアランスは、火星の土壌を地球に持ち帰るサンプルリターン計画の一翼を担っています。まず、パーサヴィアランスは火星の土壌を採取し、チューブ状の容器に密封して、火星の表面に置いておきます。この容器は、アメリカ航空宇宙局（NASA）とヨーロッパ宇宙機関（ESA）が開発する探査車、帰還ロケット、周回機を利用して地球に送られます。

　この探査車、帰還ロケット、周回機はともに2026年に打ち上げられ、2028年頃に火星に到着することになっています（2021年現在の予定）。到着した探査車は、パーサヴィアランスが残した容器を拾い集め、カプセルにまとめます。そのカプセルを帰還ロケットに載せ、火星の地表から打ち上げることで、火星上空の周回機へとカプセルが渡るようにするのです。

　そして、カプセルを載せた周回機は、火星の軌道を離れ、パーサヴィアランスが採取したサンプルを地球へと送り届けます。火星のサンプルを地球に持ち帰ることができれば、最新鋭の機器で詳しく分析できるので、火星と生命の関係がさらに解き明かされることになるでしょう。

パーサヴィアランスが撮影したインジェニュイティ（2021年4月22日撮影）
画像：NASA/JPL-Caltech/ASU/MSSS

サンプルリターン計画で使うカプセルのコンセプトモデル
画像：NASA/JPL-Caltech

パーサヴィアランスがまず調査するのは、ジェゼロと呼ばれるクレーター。クレーター内にある丘の画像が送られてきている（2021年4月29日撮影）　　　画像：NASA/JPL-Caltech/ASU/MSSS

ジェゼロは数十億年前、この想像図のような湖だったと考えられており、流れこむ川（左上）と流れ出す川（右下）の痕跡が今も残っている。堆積物の詳しい分析が待たれる

画像：NASA/JPL-Caltech

エウロパ

　エウロパは、太陽系で最大の惑星である木星の周りに位置する、衛星の1つです。木星は太陽から7億7800万kmほど離れた場所を公転している巨大ガス惑星で、70個以上の衛星が発見されています。

　木星に衛星があることを初めて発見したのは、イタリアのガリレオ・ガリレイです。ガリレイは17世紀の初め頃に、当時発明された望遠鏡を自分でつくり、最初に天体に向けた人物として有名です。彼が望遠鏡で観察した天体の1つが木星です。そして、木星を観察する中で、4つの衛星の存在に気づいたのです。それらの衛星は、イオ、エウロパ、ガニメデ、カリストと名づけられ、4つまとめてガリレオ衛星と呼ばれています。

木星の大きな衛星4つ。左のイオが木星にもっとも近く、エウロパ、ガニメデ、カリストが続く
画像：NASA/JPL/DLR

　エウロパは直径3138kmと、ガリレオ衛星の中で一番小さい衛星です。しかし、表面が氷で覆われていて、太陽光をよく反射するため、太陽系の中でも明るい衛星の1つとして知られています。

　氷に覆われていることからもわかるように、エウロパは表面の平均温度がマイナス170℃ほどと極寒の環境です。表面にはクレーターがほとんどなく滑らかではありますが、暗褐色のシミや筋がたくさんついています。これらのシミや筋はエウロパ内部の熱の影響で、表面の氷が解けることでつくられたのではないかと考えられています。

　エウロパについても、氷の下に液体の海（内部海）があり、そこに生命がいるのではないかと期待されています。エウロパは太陽系の中で一番重い惑星である木星の近くにあります。位置関係でいうと、木星に一番近い衛星がイオで、そのすぐ外側にエウロパがあります。

エウロパ。探査機ガリレオからの画像（1990年代後半）を調整
画像：NASA/JPL-Caltech/SETI Institute

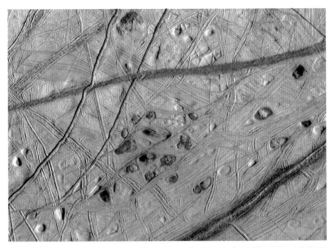

エウロパの表面。シミかそばかすのようなものがあり、氷の下に水がある証拠ではないかと考えられている
画像：NASA/JPL/University of Arizona/University of Colorado

エウロパの地表断面、木星（右上）、イオ（中央上）のイメージ。イオから放出された硫黄から生成される硫酸マグネシウムが、エウロパで観測された。そのため、表面の氷の下に、塩化マグネシウムなどの塩化物を含んだ液体の海があるのではと期待されている　画像：NASA/JPL-Caltech

47

エウロパは木星の強い重力の影響によって、ラグビーボールのように変形します。さらに、木星だけでなく、イオ、ガニメデ、カリストなどの影響も受けるため、それぞれの衛星の位置関係によって変形の度合いが変化します。このように重力の影響によって天体を変形させる力を潮汐力といいます。エウロパは潮汐力によって中心部分に熱が発生し、内部に海ができたのではないかと見られています。

　木星に一番近い衛星のイオは、表面に活発な噴火を続けている火山があることで有名です。イオの火山活動を引き起こしてい

エウロパについては、水蒸気の噴出と思われるものが観測されている。もしこの想像図のようになっていれば、内部海の成分を調べやすいだろう。エウロパ・クリッパーによる現地調査が待たれる
画像：Goddard/Katrina Jackson/NASA

るのも、木星や他の衛星から受ける潮汐力です。エウロパの内部でも火山活動のようなものが起きていれば、海底に熱水噴出孔ができていて、内部海をつくり出す原動力となっているかもしれません。

　現在NASAでは、エウロパの内部海や氷の地殻などを探査するエウロパ・クリッパーという探査機を打ち上げる計画を進めています。エウロパ・クリッパーの探査が始まり、エウロパの詳しい様子がわかってくることで、エウロパの生命についても新しい情報をつかめるかもしれません。

エウロパ・クリッパーの調査イメージ
画像：NASA/JPL-Caltech

エウロパ・クリッパーに搭載される機器の1つ、PIMS。プラズマを観測して、氷の厚さや内部海の深さなどを割り出す狙い
画像：NASA/Johns Hopkins APL/Ed Whitman

ガニメデ

　木星の衛星にはもう1つ、生命が存在するかもしれないと期待されている天体があります。それはガニメデです。ガニメデは直径が5262kmと、木星最大の衛星で、同時に太陽系最大の衛星でもあります。

　ガニメデの表面は暗い部分と明るい部分にはっきりと分かれています。暗い部分は、ガニメデの地殻変動の影響をあまり受けておらず、約40億年につくられたクレーターや溝がそのまま残っていると考えられています。そして明るい部分にはクレーターが少なく、地殻変動によってつくられた溝や尾根がたくさんあります。この明るい部分の地形は約20億年前あたりにできていて、暗い部分よりも比較的新しい時代につくられたものです。

　ガニメデは20億年ほど前までは地殻変動が活発に起きていたようですが、現在も活発かどうかはわかっていません。また、木星探査機ガリレオの観測によって、ガニメデには磁場があることが示されています。この磁場は、ガニメデの中心にある金属の核の一部が液体になっているためと考えられています。つまり、ガニメデは地球と同じように、金属の核によって発生する磁場をもつ天体なのです。

　ガニメデの表面は氷で覆われていますが、その氷の下にはエウ

4次元デジタル宇宙ビューワー「Mitaka」で再現された木星（左）と衛星ガニメデ（右）。暗い色の部分には、平行に走る溝が見える
Mitaka: ©2005-2021 加藤恒彦、国立天文台4次元デジタル宇宙プロジェクト

ロパと同じように、液体の水の海が存在すると考えられています。しかし、この内部海がどのような環境になっていて、海水がどのくらいあるのかといった詳しいことはまったくわかっていません。

　実は、ガニメデをはじめとする木星の衛星を探査するための木星氷衛星探査計画（JUICE）がESAを中心に進められています。この計画には日本の研究者も参加していて、サブミリ波観測装置、レーザー高度計の開発などに関わっています。

JUICEの探査機は2022年6月にヨーロッパのアリアン5ロケットで打ち上げが予定されています。そして、金星、地球、火星でのスイングバイ※によって軌道を変えながら木星を目指し、2029年に木星軌道に入る予定です。その後、カリストとエウロパのフライバイ観測をおこない、2032年9月にガニメデの周回軌道に投入されます。

　ガニメデでは9か月ほどの時間をかけ、搭載された11の観測機器を使用してたくさんのデータを収集します。そのデータを分析して、ガニメデの表面の状態はもちろん、内部構造も調べ、磁場の発生機構や内部海があるかどうかなどを探っていきます。

　木星の衛星には、木星の材料になった物質がそのまま残されている可能性があります。ガニメデをはじめとする木星衛星を探査することによって、木星の材料についての詳しい情報が手に入れば、木星がつくられた頃の初期太陽系の様子がよくわかるようになるでしょう。

※ 天体の重力を利用して軌道を変える方法。燃料を節約できる

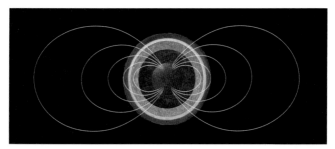

ガニメデの構造と磁場のイメージ。ガニメデの表面には氷の層があり、その下は塩水の内部海、さらにその下は氷のマントル、岩石のマントルと考えられている。中心は鉄などを含んだ核となっていて、磁力線が生成される
画像：NASA/ESA/A. Feild(STScI)

JUICEの探査機による調査イメージ
spacecraft: ESA/ATG medialab; Jupiter: NASA/ESA/J. Nichols（University of Leicester）;
Ganymede: NASA/JPL; Io: NASA/JPL/University of Arizona; Callisto and Europa: NASA/JPL/DLR

エンケラドス

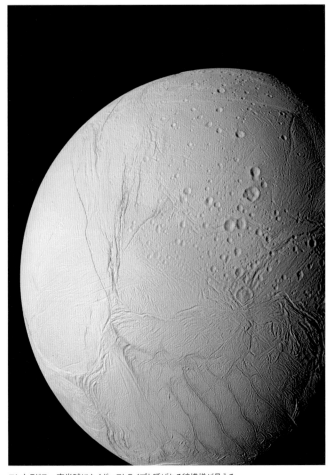

エンケラドス。南半球にタイガーストライプと呼ばれる縞模様が見える

画像：NASA/JPL/Space Science Institute

　エンケラドスは、太陽から約14億3000万km離れた場所を公転する土星の衛星の1つです。土星の周りには80個以上の衛星が発見されています。エンケラドスは直径約500kmと、これらの衛星の中で6番目に大きな衛星として知られています。

　エンケラドスは表面が氷で覆われていて、表面の平均温度はマイナス200℃ほどと、生命が存在するとは思えない氷に閉ざされた世界です。しかし、この天体は太陽系の中でも一、二を争うほど、生命の存在が期待されています。いったい、この天体のどこに生命が存在するというのでしょうか。

　そのヒントを与えてくれるのが、エンケラドスの南半球につくられた何本もの筋模様です。この筋模様は、トラの縞模様に似ていることからタイガーストライプと呼ばれています。2005年、アメリカの土星探査機カッシーニが、エンケラドスのタイガーストライプから何かが噴出している様子をとらえました。

　この噴出物の主成分は氷の粒や水蒸気、つまり水だったのです。このことから、エンケラドスの内部から水が噴出していることがわかりました。氷に覆われていたエンケラドスですが、内部まで凍っているわけではないようです。カッシーニの観測によって、エンケラドスの内部には、液体の水を湛えた海がある可能性が示されました。

　エンケラドスから噴出された氷の粒は、土星につくられた12本のリングの1つであるEリングを形成していました。そのEリングの成分を詳しく調べてみると、水だけでなく、有機物や微細なシリカ（二酸化ケイ素）の粒子であるナノシリカが含まれていることがわかりました。ナノシリカというのは、5〜10ナノメートルほどと、目に見えないほど小さなシリカの粒子です。

　シリカは岩石の主成分で、地球の表面にもたくさんあります。

Eリングで観測されたナノシリカは、エンケラドスの内部にある岩石と水が反応することでできたものだと考えられました。実際、地球上の実験室で、エンケラドス内部の環境を再現して実験をしてみたところ、高温、高圧の環境であれば、たくさんのシリカが水の中に溶けこんでいくことが示されたのです。

　エンケラドスは表面が氷に覆われていることからもわかるように、表面に近づくと内部海の水温は0℃近くになるはずです。そのような環境でナノシリカができるには、海底付近に90℃以上の熱水環境が必要であることも示されました。

　エンケラドスは直径500kmほどの小さな天体です。このような天体は、つくられた直後は内部に熱をもっていたとしても、時間が経つにつれて温度が下がり、冷たい天体になっていくはずです。

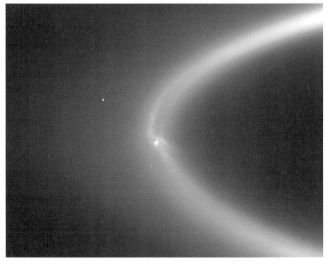

土星のEリング上を周回するエンケラドス　　　　画像：NASA/JPL/Space Science Institute

しかし、観測や実験の結果をつなぎあわせていくと、エンケラドスの中心部分には何かしらの熱源があり、現在でも熱を放出し続けている可能性があります。

　つまり、エンケラドスには、生命の誕生や維持に必要な有機物、液体の水、エネルギーの3つの条件が揃っていることになるのです。地球以外の天体で3つの条件が揃っていると明確に示された天体はエンケラドスが初めてです。

　地球の深海底には、400℃近い熱水が噴出する熱水噴出孔が存在します。もしかしたら、エンケラドスの海底にも、熱水噴出孔のようなものが存在し、現在でも、熱水が噴出して、冷たい氷の衛星の内部で海を維持する原動力となっているのかもしれません。

エンケラドスの南極付近で、カッシーニのカメラがとらえた噴出
画像：NASA/JPL-Caltech/Space Science Institute

地球の熱水噴出孔から噴出する熱水には、水素などの化学物質が含まれていて、それを食べることでエネルギーを生み出す化学合成微生物が存在し、さらに、その微生物を食べる生物などが集まってきて、独自の生態系を形成しています。エンケラドスの海底に熱水噴出孔のようなものがあるとしたら、地球の深海底のように化学合成微生物などの生物が存在していてもおかしくはありません。

　エンケラドスに生命がいるかどうかを調べるには、内部の海水を採取する必要があります。エンケラドスの場合は、海の成分が噴出しているので、探査機を着陸させなくても、噴出物を採取できるはずです。既に、そのような探査計画を提案しているグループもあって、実現すれば地球外生命が発見できるのではないかと期待されています。

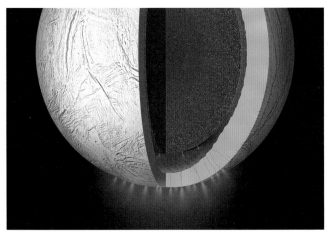

エンケラドス断面のイメージ。南極付近の割れ目から、氷の粒子や水蒸気が噴き出している
画像：NASA/JPL-Caltech

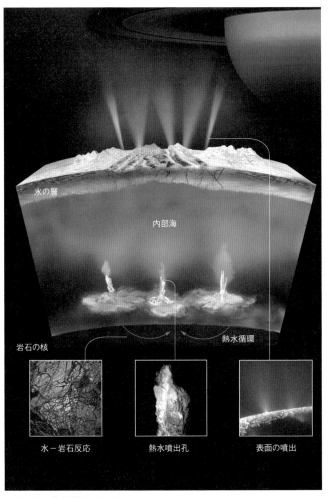

氷の層

内部海

岩石の核

熱水循環

水－岩石反応　　　　　熱水噴出孔　　　　　表面の噴出

エンケラドスの熱水活動のイメージ　　　画像：NASA/JPL-Caltech/Southwest Research Institute

タイタン

タイタンは直径5150kmと、土星の衛星の中では最大の天体です。ちなみに、太陽系全体の衛星では、木星の衛星ガニメデに次いで2番目の大きさとなります。タイタンには数百kmにも及ぶ厚みのある大気が存在し、地表の気圧は地球よりも大きな1.5気圧になっています。そのため、望遠鏡などでタイタンの様子を外側から観測しようと思っても、厚い大気に阻まれるため、地表などについてはよくわかりません。

そこで、ヨーロッパのESAは小型探査機ホイヘンスを使って、これまで誰も見た

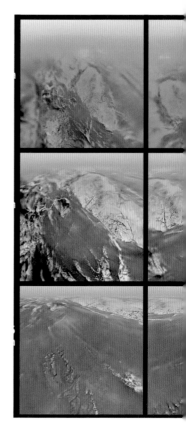

ことのないタイタンの地表の様子を観測しようとしました。ホイヘンスは、NASAの探査機カッシーニからタイタンに投下されました。

ホイヘンスから送られてきたデータによって、タイタンの表面には、地球と同じように山や渓谷、川のような地形があることがわ

ホイヘンスがとらえた、タイタンの地形。高度を変えながら、西、北、東、南（左から右）の4方向を撮影
画像：ESA／NASA／JPL／University of Arizona

かりました。さらにホイヘンスは、タイタンの上空では風が吹いていることも観測しました。これらの観測結果から、タイタンの気温はマイナス100℃を大きく下回っているにもかかわらず、大地は単に凍って乾燥しているのではなく、何らかの液体によって湿っていることがわかってきたのです。

その後、カッシーニもタイタンの観測を重ねました。その結果、タイタンの表面には液体のメタンやエタンを湛えた湖があることがわかってきました。しかも、メタンやエタンは、単に表面に液体として、とどまっているだけではないようです。蒸発して雲をつくり、雨や雪として地表に降りそそぐといいます。つまり、地球で水が循環しているように、タイタンではメタンやエタンが循環しているのです。また、タイタンの大気には様々な化学物質が存在することが確認されています。その中には地球の大気には見られないような複雑な構造をもつ物質もありました。

　物質循環が起こっている天体は、地球以外ではタイタンしか知

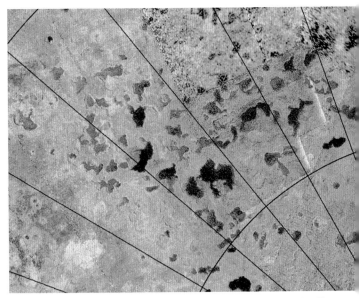

カッシーニから送られてきた画像で、タイタンに多くの湖があることがわかった。メタンやエタンがある部分を青色に着色
画像：NASA/JPL-Caltech/ASI/USGS

られていません。そのため、タイタンにも生命が存在するかもしれないと期待がもたれています。ただし、タイタンでは、生命存在の3要素のうち、液体の水ではなく、液体のメタンやエタンが存在することになります。もし、生命が存在しても、地球とはまったく異なるものでしょう。

　タイタンで地球生命とは異なる新たな生命が発見されれば、生命の幅は大きく広がり、生命の定義も変化します。生命が発見されなければ、やはり液体の水が大量に存在する地球のような環境が、生命にとって重要なのかもしれません。そのような意味でも、タイタンの生命探査への挑戦は注目されています。

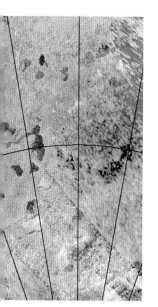

カッシーニから見たタイタン（手前）と土星（奥）
画像：NASA/JPL-Caltech/Space Science Institute

天王星

　太陽の周りには8つの惑星が周回しています。天王星はそれらの惑星の中で2番目に遠い場所にあり、太陽から28億7500万km離れている天体です。土星までの太陽系惑星は肉眼でも見ることができたので古くから知られていましたが、地球から遠く離れた場所にある天王星は肉眼で見ることができません。天王星は、史上初の望遠鏡を使って発見された太陽系惑星なのです。発見者は、イギリスのウィリアム・ハーシェルです。

　彼はもともとオーボエやオルガンなどを演奏する音楽家でしたが、望遠鏡を自作して天体観測をおこなうアマチュア天文家でも

太陽系のイメージ。右から2番目が天王星　　　　　　　　　　　　画像：NASA

ありました。1781年3月、ハーシェルが夜空を観測しているとき
に、それまで知られていなかった新しい惑星を発見したのです。

　彼は夜空の星々の配置を暗記するほどよく観測をしていたよう
で、見慣れない場所にある天体にすぐに気がついたといいます。
発見したばかりの頃、ハーシェルはこの天体を彗星だと考えまし
たが、観測を重ねた結果、遠い場所にある新しい惑星であるとい
う結論になったのです。

　当時は、土星より遠い場所に惑星はないと考えられていたので、
ハーシェルの新しい惑星の発見は世界中の人たちを驚かせました。
この発見がもとになり、太陽系にはまだ知られていない惑星があ
るかもしれないという気運が生まれ、1846年の海王星発見につな
がりました。

ボイジャー2号によって撮影された天王星（1986年）
画像：NASA/JPL-Caltech

ハーシェルは新しい惑星を、当時のイギリス国王ジョージ3世にちなみ、「ジョージの星」を意味するゲオルギウム・シドゥスと名づけましたが、あまり広まりませんでした。最終的にギリシャ神話やローマ神話に登場する天空の神であるウラヌスの名をつけ、日本語では天王星と呼ばれています。なお、ハーシェルは天王星を見つけた後も望遠鏡の製作を続け、1789年に土星の衛星エンケラドスを発見しました。

　天王星は直径が5万1118kmと、太陽系の中で3番目に大きな惑星です。上空にはメタン、水素、ヘリウムなどの大気が取りま

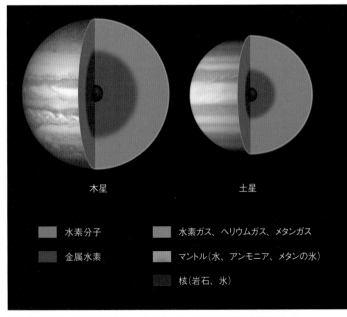

岩石惑星と呼ばれる地球などと異なり、ガスや氷の多い惑星はこのような構造をしている
画像：NASA/Lunar and Planetary Institute

　いています。天王星が青く見えるのは、大気の上層にメタンが含まれているのが原因です。メタンは赤い光を吸収しやすいので、大気で反射した光が青く見えるのです。

　天王星の表面は氷に覆われていて、温度はマイナス200℃以下の極寒の環境です。でも最近、天王星の内部にも海が存在する可能性が指摘されるようになりました。天王星は、地球から遠く離れているため、詳しい探査がほとんどされていないこともあり、海があるかどうかはよくわかりません。しかし、内部海が存在すれば、生命がいる可能性も出てきます。

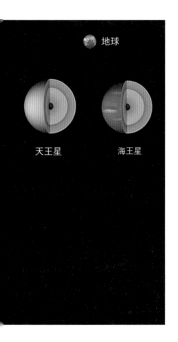

ハッブル宇宙望遠鏡による天王星の画像。南半球（左）に線状の雲、北半球に明るい雲が見える
画像：NASA/ESA/M. Showalter（SETI Institute）

冥王星

　冥王星は太陽から約59億kmも離れた太陽系の外縁部に位置する天体です。直径2390kmと、月よりも小さく、太陽の周りを248年で1周します。この天体は、岩石の核を分厚い氷が覆っていて、表面には水だけでなく、メタンや窒素の氷があります。

　現在、冥王星は準惑星として分類されています。しかし、発見された1930年から2006年まで、70年以上も惑星の1つとして分類されていました。

　なぜ、そのようなことが起きたのでしょうか。話は冥王星が発見されたときまでさかのぼります。

　冥王星を発見したのは、アメリカの天文学者クライド・ウィリアム・トンボーです。彼が発見したとき、冥王星は地球くらいの大きさがあると考えられていたこともあり、新しい惑星として分類されました。

　しかし、その後の観測によって、冥王星にはカロンという大きな衛星があることが確認されました。その結果、冥王星は月よりも小さな小惑星ほどの大きさの天体であることがわかってきたのです。太陽系の惑星は、地球のような岩石惑星、木星のような巨大ガス惑星、天王星のような氷惑星に分けることができます。

　ところが、冥王星はそれらのどれとも違う天体でした。大きさはもちろんですが、公転軌道が楕円で、軌道面が他の惑星の軌道面から17度ほど傾いているなど、他の惑星とは異なる特徴がたくさん発見されていったのです。さらに、観測技術の発展によって、太陽系外縁部には冥王星とよく似た天体が発見されるようになりました。

　このような事情が重なっていき、2006年8月に開催された国際天文学連合の総会で、冥王星を惑星ではなく準惑星に分類することが決められたのです。この決定を機に、太陽系の惑星は9つから8つに減りましたが、新設された準惑星がいくつも認定されました。

　冥王星は地球から遠い場所にあるため、表面や内部の詳しい様子は長い間、謎に包まれていました。遠くから撮影されたもので一番映りがよかったのは、2010年にハッブル宇宙望遠鏡で撮影された画像なのですが、それでもぼやけていて、冥王星の表面の様子がよくわからない状態だったのです。

冥王星の詳しい姿がわからなかった頃に描かれたイラスト。冥王星の衛星から、冥王星と他の衛星を見ている想定
画像：NASA/ESA/G. Bacon (STScI)

この状況を変えたのが、NASAの探査機ニューホライズンズです。2006年1月に打ち上げられたニューホライズンズは、9年後の2015年7月14日に冥王星に接近。冥王星から1万3700kmの位置で画像を撮影するなどの観測に成功しました。ニューホライズンズから送られてきた冥王星の画像からは、崖や渓谷、氷山など、地球と同じような地形をいくつも確認することができました。

　冥王星の表面で特に目立っているのが、巨大なハート模様に見える領域です。この領域の西側部分には、滑らかな氷の平原が広がっていました。これがどのようにできたのかをコンピュータシミュレーションによって検証してみたところ、氷の平原の内部には、窒素を主成分とした氷の層ができていることが示されました。

ニューホライズンズから送られた画像でわかった、冥王星の姿（2015年撮影）。
右下の明るい部分がハート模様に見える　　　　　画像：NASA/JHUAPL/SwRI

しかもこの氷の層では、100万年単位のとても長い時間の流れの中で表面が入れ替わっているというのです。

　ニューホライズンズが接近する前は、冥王星では内部活動はほとんど起きていないと考えられていたのですが、その考えを覆す大発見でした。さらに、この氷の平原の地域では、内部に液体の海が存在する可能性も指摘されています。

　極寒の冥王星の内部では、ふつうに考えれば内部の水も凍ってしまうはずです。しかし、内部海と窒素の氷の層の間にメタンハイドレートの層があれば、この層が内部の熱を逃がさない断熱材の役割を果たし、液体の水が存在できるのではないかという説が提示されています。

明るい部分はハート模様の西側にあたる。ここはスプートニク平原と呼ばれており、窒素、一酸化炭素、メタンの氷が豊富にあることがわかっている
画像：NASA/JHUAPL/SwRI

ちなみに、メタンハイドレートというのは、メタンの分子と水の分子が結びついて固体となった氷状の物質です。火に近づけると燃えるために「燃える氷」とも呼ばれていて、日本近海の深海底にもたくさん存在することが確認されています。

　冥王星の内部にも液体の水の海が存在して、十分なエネルギーの供給源があれば、生命が存在する可能性は大いにあります。冥王星内部の探査を実現させるのは難しいとは思いますが、実際に探査してみたら、どのような発見があるのでしょうか。地球から遠く離れた氷の天体の内部に、ひっそりと独自の生態系をつくる生命がいるかもしれないと思うだけで、ロマンを感じます。

冥王星の山々（上）に迫るスプートニク平原（下）　　　　　画像：NASA/JHUAPL/SwRI

第三章

生命起源の秘密を握る小惑星

惑星と小惑星と彗星

　最近、宇宙と生命についての研究が、世界中で盛んにおこなわれています。宇宙と生命について考えるといっても、いろいろなテーマがありますが、大きくは2つの方向性があり、「地球外の天体に存在する生命を探す」研究と「地球生命の起源を明らかにする」研究に分けられるように思います。

「地球生命の起源」については、日本の小惑星探査が注目を集めています。太陽系の天体と聞くと、真っ先に惑星が思い浮かぶ

太陽系に含まれる天体のイメージ。惑星や衛星、小惑星、彗星がある　　　画像：NASA/JPL

ことでしょう。しかし、太陽系には、惑星以外にもたくさんの天体があります。例えば、月に代表される衛星。これらは惑星の周りを回る小天体で、数は170以上あります。しかも、報告されているものの、確定していないものを含めると200を超えます。

　さらに、小惑星や彗星を加えると、その数は格段に多くなり、未発見のものも含めると数十万個あるといわれています。この小惑星と彗星は、ともに太陽系内の小天体です。もともとは岩石が主体の天体を小惑星、氷などが主体で太陽に近づくと本体が解けだして尾をたなびかせる天体が彗星というように、大まかに分けられていますが、その境界はあいまいです。

彗星には尾がある。写真は、2020年夏、日本で肉眼でも見えるときがあり、話題になったネオワイズ彗星（C/2020 F3）

小惑星は火星と木星の間の小惑星帯と呼ばれる場所にたくさん存在することが知られていて、そこにあるものが小惑星とみなされていましたが、最近では地球と火星の間など、太陽系のいろいろな場所にあることがわかってきました。海王星より遠くの場所でも、多くの小惑星が発見されています。海王星よりも太陽から離れて公転している天体は、「太陽系外縁天体」(trans-Neptunian objects：TNO) と呼ばれます。

　TNOの多くは小惑星として分類されていて、冥王星と同じように氷が主成分のものがほとんどです。何かのきっかけで太陽に

火星の軌道と木星の軌道の間にある、小惑星帯のイメージ

画像：Peter Jurik/stock.adobe.com

近づくことになったら天体そのものが解けて、彗星のように見えるでしょう。

　彗星の場合は、水、ガス、塵などの成分が抜けきると、小惑星と見分けがつきません。実際、もともと彗星だったものが小惑星として観測されていることもあるそうです。また、現在、衛星として観測されている天体の中には、もともと小惑星だったものが、惑星の強い重力に引き寄せられて、惑星の周りを回るようになったものもあります。小惑星、彗星、衛星などははっきりと線引きできないのです。

TNOの中でも大きなもの8個と地球のサイズを比較。これらは準惑星に分類されているか、分類される可能性がある。とはいえ、太陽系外縁では、さらに小さい小惑星が圧倒的に多い
画像：Lexicon

小惑星イトカワ

　小惑星や彗星などの小天体には、太陽系が誕生したばかりの頃につくられた初期の物質が保存されている可能性があります。太陽系の天体は、原始太陽が誕生した後に太陽の周りに残された塵やガスが衝突する中で、だんだんと大きくなっていったものです。最初に小さな微惑星がつくられ、それが何回も衝突することで、小惑星や惑星へと成長していきます。

　惑星はしっかりと大きく成長することができたものです。衝突

初期太陽系のイメージ。太陽を中心に塵やガスが回って円盤のようになっている
画像：NASA/JPL-Caltech

するたびに、もともとあった物質は壊れ、新しい物質がつくられていくので、太陽系初期にあった物質はなくなっていきます。さらに、地球は地殻変動が起きているので、私たちが暮らす表面の部分には、地球が誕生した頃の物質は何も残っていません。

　でも、太陽系の天体の中には、太陽系ができたばかりの頃の物質がしっかりと残っていると見られる天体がたくさんあります。それが小惑星や彗星です。小惑星や彗星は、いわば惑星になりきれなかった天体です。では、中途半端なものなのかといえば、そうではありません。他の天体との衝突が少ない分だけ、初期の太陽系の物質がしっかりと残っている可能性が高いのです。

塵の円盤から、微惑星、小惑星、惑星が生まれていく。この想像図から数十億年が経過した現在は、円盤の外周だけがうっすら残っている
　　　　　　　　　　　　　　　　　　画像：NASA/JPL-Caltech

そのような物質を調べることで太陽系の歴史を解き明かそうとしたのが、日本の小惑星探査機「はやぶさ」です。この小惑星探査計画が正式にプロジェクトとして発足したのは1995年のことでした。このとき、小惑星に探査機を送った国はなく、日本は世界初の挑戦をすることにしたのです。

　それまで、地球外の惑星などを探査するときは、順を追って段階的に探査を進めていくのが一般的でした。最初にフライバイ探査をして、その後に周回機を送りこみます。そして、周回機で対象天体の地形などがよくわかってくると、着陸機や探査車を着陸させて、さらに詳しく調べていきます。

　しかし日本の小惑星探査は、予算が少なかったこともあり、一度で表面の様子を調べ、小惑星に着陸し、岩石のサンプルを地球に持ち帰ってしまうという、とても意欲的な計画でした。

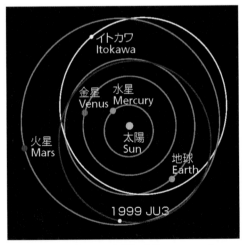

イトカワと1999 JU₃（のちのリュウグウ）の軌道　　　画像：JAXA

　はやぶさは2003年5月9日に、鹿児島県の内之浦宇宙空間観測所から打ち上げられました。そして、2005年9月12日に、地球から直線距離で3億kmほど離れている小惑星イトカワに到着しました。この年の11月にはやぶさはイトカワに着陸することに成功したのですが、その喜びもつかの間、はやぶさとの通信が途絶え、行方不明になってしまったのです。

　プロジェクトチームが必死に捜索した結果、2006年1月23日に、はやぶさの電波を奇跡的にキャッチしました。そして、地球から指令を送り続けることによって、はやぶさはだんだんと正常な状態に戻ってきました。とはいえ、このトラブルによって、はやぶさの地球帰還は大幅に遅れました。

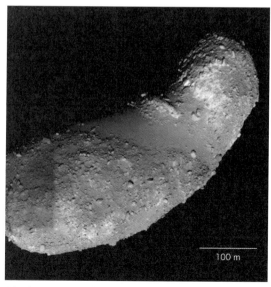

100 m

はやぶさによるイトカワの画像　　　　　　　　　　　画像：JAXA

はやぶさは、本来であれば2005年12月にイトカワを離れ、2007年6月に地球へ戻る予定でした。しかし、はやぶさの通信途絶・捜索があったため、このタイミングでの帰還は不可能です。プロジェクトチームは、当初の予定を3年遅らせ、2010年6月に地球に帰還させるように変更する決断をしました。

　はやぶさは2007年4月にイトカワを離れ、地球帰還への巡航運転に入りました。このまま無事に帰ってくるのかと思いきや、今度は運転中にイオンエンジンが故障してしまうというトラブルに見舞われます。このときは、イオンエンジンの責任者が、誰にも相談せずにこっそりと仕込んでおいた回路によって、奇跡的に復活させることができました。回路の設計をこっそり変更することは、厳密にいえばルール違反だったのですが、そのおかげで、はやぶさは2010年6月13日に地球に帰ってきました。

　はやぶさはイトカワへの着陸を成功させたものの、サンプル（岩石）を採取するための弾丸をうまく発射できなかったために、肉眼で確認できる大きさのサンプルを採取することはできませんでした。しかし、サンプルコンテナの中には目に見えない微粒子が1500粒入っていることが確認され、はやぶさは世界で初めて小惑星からのサンプルリターンを成功させたのです。

　微粒子を分析した結果、イトカワの歴史が見えてきました。イトカワの母天体は46億年前に誕生した直径20km以上の小惑星で、それが今から15〜14億年前に、他の小惑星との衝突などによる大きな衝撃によってバラバラになったようです。

　その後、母天体の破片が徐々に集まり、今から40万年以内に現在のイトカワの形態になったと見られています。さらに、コンピュータシミュレーションをしてみると、イトカワは100万年以内に地球に衝突する可能性が高いそうです。

サンプルを採集する、
はやぶさのイメージ
　　　画像：池下章裕

航行する、はやぶさのイ
メージ　　画像：池下章裕

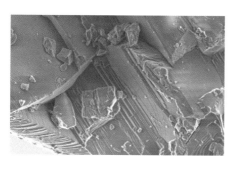

電子顕微鏡で撮影した、イ
トカワのサンプルの微粒子
　　　　　画像：JAXA

小惑星リュウグウ

　はやぶさの後継機として小惑星探査機はやぶさ2が製作され、鹿児島県の種子島宇宙センターから打ち上げられたのは2014年12月3日のことでした。目指したのは、小惑星リュウグウです。

はやぶさ2が高度約6kmから撮影したリュウグウ
画像：JAXA、東京大、高知大、立教大、名古屋大、千葉工大、明治大、会津大、産総研

　リュウグウは炭素が豊富なＣ型小惑星だと考えられています。はやぶさ２が実際に近づいてみると、リュウグウは真っ黒な天体で、炭素が多そうだという期待がさらに膨らみました。地球生命の体の材料である有機物は炭素が主成分です。炭素が多いＣ型小惑星には、有機物がたくさん含まれている可能性があります。それだけでなく、リュウグウの岩石の中には水も含まれている可能性があることもわかっていました。

　しかし、リュウグウには大きな問題がありました。その表面には大小様々なたくさんの岩塊がびっしりと並んでいて、はやぶさ２が着陸できそうな場所が見あたらなかったのです。イトカワにもリュウグウと同じようにたくさんの岩塊がありましたが、中央部付近にとても滑らかな砂漠地帯があったので、そこに着陸することができました。しかし、リュウグウにはそのような平らな場所はどこにもありません。

　はやぶさ２のプロジェクトチームは、リュウグウの表面を慎重に調査して、やっとの思いで安全に着陸できる場所と方法を考えつきました。それはリュウグウの赤道付近にある直径６ｍほどの小さな領域にピンポイントで着陸するというものです。

　2019年2月22日、はやぶさ２はリュウグウの表面への着陸に成功。先代のはやぶさはイトカワで岩石を採取するための弾丸を発射できませんでしたが、はやぶさ２はリュウグウに着陸した瞬間、しっかりと弾丸を発射したというデータを地球に送りました。

　さらに、はやぶさ２の下部に張り出していて、リュウグウに接するサンプラホーン（サンプルを採取するための装置で、円筒と円錐を組み合わせた形をした部分）の先端を撮影したカメラからの画像には、着陸した瞬間に、リュウグウの岩石の破片がまるで紙吹雪のように飛び散る様子が写っていました。

はやぶさ2が着地した際に撮影した画像 　　　　　　　　　　　　　　　　画像：JAXA

　はやぶさ2には、リュウグウの岩石サンプルがちゃんと採取でき
たかどうかを確かめる装置が搭載されていないので、地球に送ら
れたコンテナを開けるまでは、サンプルが実際に入っているのか
どうか確かめることができません。しかし、はやぶさ2から送られ
てくる情報は、リュウグウのサンプルがしっかりと採取できたこと
を物語っていました。

　同じ年の4月5日には、はやぶさ2は搭載していた小型衝突装
置を使って、リュウグウに直径15mほどの人工クレーターをつく
ることに成功。そして、3か月後の7月11日にはやぶさ2は、人工
クレーターの中心から20mほど離れた場所に2回目の着陸を果た
しました。

　小惑星に人工クレーターをつくったことも、同じ小惑星の2つ
の地点に着陸したのも、世界初のことです。しかも、今回、はや
ぶさ2が着陸したのは、人工クレーターの作製によって掘り返さ

着地した、はやぶさ2のイメージ

画像：池下章裕

れたリュウグウの岩石がたくさん降り積もったと考えられる場所です。はやぶさ2はリュウグウの地下物質もたくさん採取した可能性があるのです。

　このような輝かしい成果を残し、はやぶさ2は2019年11月13日にリュウグウを後にしました。そして、2020年12月6日の早朝に、はやぶさ2から分離されたカプセルがオーストラリアのウーメラ砂漠に着地しました。カプセルはJAXAの回収班によってすぐに回収され、53時間後の12月8日には神奈川県相模原市のJAXA宇宙科学研究所の施設に運びこまれました。

　宇宙科学研究所でサンプルコンテナを開けてみると、その中には1cmを超える大きな岩石の粒がたくさん入っていました。この計画では、リュウグウのサンプルを0.1g持ち帰ることが目標とされていたのですが、コンテナの中には目標を大幅に超える5.4g以上のサンプルが入っていたのです。

これまでの探査結果から、リュウグウの岩石はとても脆く、スカスカな構造をしていることがわかってきました。他の小惑星や隕石よりも空隙率が高く、どちらかといえば彗星に近い天体のようです。

　つまり、リュウグウの母天体は、海王星よりも遠い太陽系の外縁部で誕生し、何らかのきっかけによって現在の位置まで移動してきた可能性があります。はやぶさ2からもたらされたリュウグウのサンプルは2021年春から初期分析が始まり、2022年春頃にその結果が公表される予定になっています[※]。

　最新の機器を使ってサンプルを分析すれば、リュウグウの経歴や太陽系の過去の様子がよくわかってくるでしょう。これらの詳しい知識が積み重なってくることで、地球生命のもとになった有機物がどのようにできてきたのかもわかってくるはずです。

※2021年4月、リュウグウの母天体に水があることを示唆する含水物質・炭酸塩鉱物の特徴がサンプルに見られると発表された。より詳しい分析が期待される

リュウグウの岩石サンプル

画像：JAXA

これから日本が探査する小惑星

　はやぶさ2の後に、日本で計画されている探査計画は、火星の衛星フォボスの岩石を地球に持ち帰る「火星衛星探査計画」(Martian Moons eXploration：MMX) です。火星にはたくさんの探査機が送りこまれていますが、火星の衛星に探査機が訪れるのは初めてのことです。

　なぜ、火星の衛星を探査する必要があるのでしょうか。実は、火星の衛星がどのように誕生したのかはよくわかっていません。有力な仮説として考えられているのは、「衛星捕獲説」と「巨大衝突説」です。衛星捕獲説は、太陽系の外縁部でつくられた小惑星が火星の重力にとらえられて衛星になったというもので、巨大衝突説は、火星に大型の小惑星が衝突し、散乱した破片が集まって衛星を形づくったというものです。

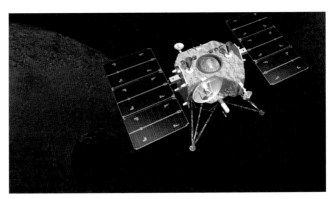

航行する、MMXの探査機のイメージ。奥の赤い星が火星、その前の小さな衛星がフォボス
画像：JAXA

現在のところ、どちらの説も決め手に欠けているのですが、火星の衛星の起源に遠くからやってきた小惑星が関係していることは共通しています。MMXではフォボスだけでなく、もう1つの火星衛星のダイモスも探査します。この2つの衛星の探査が進むと、これらの衛星がどのようにできたのかがわかってくるはずです。すると、初期の太陽系で物質がどのように移動し、火星や地球などの岩石型惑星に供給されたのかということもわかってくることでしょう。もしかしたら、この探査からも、地球生命誕生の謎に迫ることができるかもしれません。

　順調に行けば、MMXの探査機は2024年の夏から秋にかけて打ち上げられる予定です。そして、約1年かけて火星圏に到着し、フォボスを周回する軌道に入ります。これは世界初の試みです。探査機はフォボスの周りに2年半ほど滞在し、その間、フォボスに着陸して岩石のかけらなどを採取します。そして、地球に帰還する際に、もう1つの火星の衛星であるダイモスをすれ違いざまに観測します。地球に戻ってくるのは2029年です。MMXの探査によって、火星とその衛星の関係はどのように変わるのでしょうか。そして、火星や地球生命に関係する発見はあるのでしょうか。今からとても楽しみです。

火星探査機マーズ・リコネッサンス・オービターのカメラで撮影されたフォボス
画像：NASA/JPL-Caltech/University of Arizona

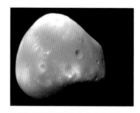

上記と同様に撮影されたダイモス
画像：NASA/JPL-Caltech/University of Arizona

第四章

太陽系外の惑星を求めて

宇宙観を変えたペガスス座51番星b

　地球外生命の研究は、太陽系内だけにとどまりません。宇宙はとても広く、数え切れないほどの天体が存在しています。この広い宇宙の中で、生命がいる天体が地球だけというのは、少し寂しい気がします。太陽系の外に生命が存在するかもしれないという話は昔からあります。しかし、長い間、小説や映画などのフィクションで終わっていて、科学の対象にはなりませんでした。

　その流れが大きく変わったのは20世紀の終わり頃です。この宇宙にはたくさんの恒星があることは知られていましたが、この頃までは太陽系外の惑星（系外惑星）は、発見されていませんでした。恒星は中心部分で核融合反応を起こし、超高温の状態を保っています。この環境ではいくら何でも、生命は生まれません。

　生命が生まれ、育つには、穏やかな環境が必要です。そのためには惑星、しかも、地球と同じような岩石惑星が必要だと考えられています。太陽の周りには8つの惑星があります。この事実からも、他の恒星の周りにも、同じように惑星があると推測できます。そこで、1940年代から系外惑星探しが始まりました。

　系外惑星は恒星の観測よりも格段に難しくなります。なぜなら、惑星は光らず、恒星よりも小さなものだからです。私たちが天体を観測する手段は、ほとんどの場合、光です。最近では、ニュートリノや重力波でも天体の様子を観測できるようにはなってきましたが、それらが観測できるものは限られています。圧倒的に、光による観測が多いです。ただ、光は電磁波の一種なので、可視光だけでなく、電波、赤外線、X線など、様々な波長の光（電磁波）による観測ができるようになると、より多くのことがわかってきました。

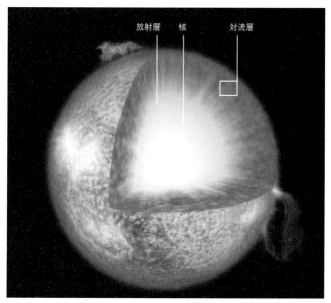

放射層　核　　対流層

太陽の構造。表面温度は6000℃、中心部では1600万℃といわれている。他の恒星にはもっと熱いものもある
画像：ESO

惑星の構造。地球（左）の表面温度は平均で15℃、火星（右）の表面温度は平均でマイナス63℃
画像：NASA/JPL-Caltech

天の川銀河の恒星に対して、どれだけ惑星があるかを示したイメージ。軌道などは強調して描かれているが、恒星が平均で1つ以上の惑星をもっていることがわかる　画像：ESO/M. Kornmesser

少し脱線しましたが、遠くにある恒星を観測できるのは、恒星が大きく、光を発しているからです。しかし、惑星は自ら光を出さないので、直接観測するのは困難です。また、惑星があるとすれば、光を発している恒星の周りにあるので、恒星から発せられる光に惑星が隠されてしまうという問題も起こります。

　そのような事情もあったからなのか、系外惑星は観測開始から50年経っても発見できませんでした。長い期間、ずっと発見できなかったため、1990年代前半には系外惑星の存在そのものに疑いを向ける声もありました。

　この状況を一変させたのが、スイスの天文学者ミシェル・マイヨールとディディエ・ケローです。2人は1995年に、人類で初めて系外惑星を発見しました。それがペガスス座51番星b。地球から約51光年離れた場所にある恒星、ペガスス座51番星の周囲を回る系外惑星です。

ミシェル・マイヨール(右)とディディエ・ケロー(左)　　　画像：L. Weinstein/Ciel et Espace Photos

　ただ、発見といっても、望遠鏡で直接、この惑星の姿を見たわけではありません。先ほども触れたように、明るい恒星の近くにある光を出さない惑星を、直接観測するのは難しいことです。そこで2人は、恒星の周りに惑星が存在することを示すドップラー法を使いました。ドップラー法とはどういう方法なのでしょうか。

　まず、惑星と恒星の関係から考えていきましょう。惑星が恒星の周りを回っているのは、恒星の重力に惑星が引き寄せられているからです。惑星自身はまっすぐ進んでいるつもりでも、恒星の大きな重力にとらえられていることで、恒星の周囲をグルグルと回っています。

　しかし、この関係は、単に恒星が惑星を引き寄せているだけのものではありません。恒星と惑星を比べると、恒星の方が圧倒的に質量が大きいので、恒星が一方的に惑星を引き寄せているように見えます。

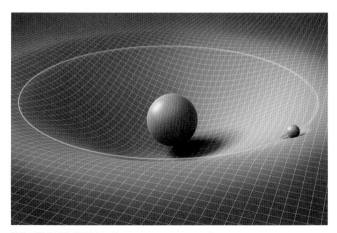

恒星の周りを惑星が回るイメージ　　　　　　画像：the_lightwriter/stock.adobe.com

でも、惑星の側から見ると、惑星の重力によって恒星を引き寄せているともいえるのです。その証拠に、恒星の位置を精密に測定してみると、惑星の位置によって微妙に恒星の位置が変化し、少しふらついているように見えます。

　実は、系外惑星探しが始まった初期の頃は、恒星の位置を精密に測定することで、恒星のふらつきを観測し、系外惑星が存在する証拠をつかもうとしていました。しかし、惑星があったとしても、その影響による恒星のふらつきはとても小さなものです。

　しかも、地球の自転や公転、銀河の回転などの影響を受けて、恒星の見かけの位置そのものが変化するので、そのことも計算に入れる必要がありました。さらに、地上での観測は常に大気のゆらぎの影響を受けるため、精度が下がります。このような難しい状況で、系外惑星発見の報告は何度もありました。しかし、詳しく検証してみると、そのどれもが観測誤差だったのです。

　ドップラー法は、1980年代に使用されるようになった方法です。惑星の影響による恒星のふらつきを位置測定ではなく、光のドップラー効果によって測定しようというものです。ドップラー効果というのは、音や光が発せられるときに、発生源の物体が動くことによって起こる変化のことです。

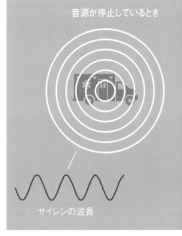

音源が停止しているとき

サイレンの波長

音のドップラー効果のイメージ
画像：Dimitrios/stock.adobe.com

　例えば、道を歩いていて、救急車がやってきたときのことを思い浮かべてください。救急車が近づくときはサイレンの音が高く聞こえますが、遠ざかるときは低く聞こえるはずです。この音の変化こそがドップラー効果です。救急車の走る速度の影響を受けて、聞く人の耳に届くサイレンの音が高くなったり、低くなったりするわけです。

　これは音のドップラー効果の例ですが、ドップラー効果は光でも起こります。光の場合は、観測者に近づく物体から発せされる光は青っぽくなり、遠ざかる場合は赤っぽくなります。これを地球から観測するときに当てはめると、惑星をもつ恒星からやってくる光は、惑星が地球と恒星の間にあるときは、恒星が地球側に少し引っ張られるので、光は青っぽくなります。そして、惑星が地球と反対側にあるときは、恒星が地球から遠ざかる形になるので、光は赤っぽくなります。

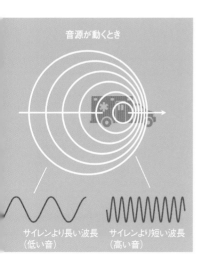

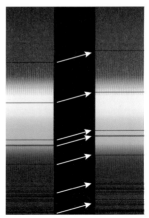

光のドップラー効果のイメージ
画像：Georg Wiora（Dr. Schorsch）/Kes47

このように、周期的に青っぽくなったり、赤っぽくなったりすることを繰り返す恒星の光を観測することができれば、その恒星の周りには惑星があるといえます。同じ恒星のふらつきを観測することが目的でも、位置測定とは違い、観測した光の色の変化を調べるだけでいいので、系外惑星があるかどうかを簡単に判定することができます。

　この方法の登場によって、今度こそ系外惑星が発見できるのではないかと期待が高まりました。しかし、登場から10年以上経っても系外惑星を発見することはできなかったのです。そのため、世界の天文学者の間には、太陽のように惑星をもつ恒星はほとんどないのではないかという諦めムードが漂い始めました。

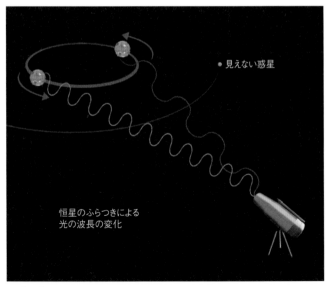

見えない惑星

恒星のふらつきによる
光の波長の変化

ドップラー法のイメージ

　そのような中で、マイヨールとケローは1995年に、ドップラー法で系外惑星ペガスス座51番星bを発見しました。この惑星の公転周期は4.23日。つまり、4日ちょっとで中心星の周りを回ってしまう、公転速度の速い惑星でした。

　この事実は、当時の天文学者に衝撃を与えたことでしょう。ペガスス座51番星bが発見される前は、惑星は太陽系のものしか知られていませんでした。太陽系の惑星は、太陽に一番近い水星で公転周期が88日です。もっとも外側に位置する海王星の公転周期は約165年もあります。つまり、太陽系の惑星は、短いものでも100日弱、長いと100年以上の周期で太陽の周りを1周しているので、その公転速度はゆっくりしたものとなります。

ペガスス座51番星bは、星座でいうと、ペガススの胸元あたりに位置する

画像：anix/stock.adobe.com

当時、天文学者たちは、日常的によく知っている太陽系の惑星を参考にして系外惑星を探していました。当然、1995年までは、惑星というものは公転周期が長いものだと無意識のうちに思いこんでいたのでしょう。このような先入観をもっていると、公転周期が4日ほどの惑星のシグナルが観測されたとしてもノイズだと判断してもおかしくはありません。つまり、ドップラー法の登場から、系外惑星の発見までに10年以上の年月がかかってしまった理由の一端は、太陽系惑星の状態を意識しすぎて、それ以外の可能性を考えられなかったこ
とにあります。

　マイヨールとケローの発見したペガスス座51番星bと太陽系惑星を比べてみると、公転周期以外にも大きな違いがありました。ペガスス座51番星bは、地球の約149倍もの質量をもつ巨大な惑星なのですが、中心星から約780万kmしか離れていなかったのです。この距離は、太陽と地球の距離の20分の1くらいです。

　重さで考えると土星と木星の間くらいで、ペガスス座51番星bは巨大なガス惑星ということになります。太陽系では、巨大ガス惑星の木星と土星は地球よりも遠い場所に位置しています。

　それが、ペガスス座51番星の惑星系では、巨大なガス惑星である
ペガスス座51番星bが中心星からとても近い位置を周回している
のです。

　巨大ガス惑星である時点で、ペガスス座51番星bに生命が存
在する可能性はありませんが、中心星に近いことから灼熱状態で
あることが予想されます。そのため、ペガスス座51番星bのよう
に中心星に近い巨大ガス惑星のことをホットジュピター（灼熱巨
大惑星）と呼ぶようになりました。

ペガスス座51番星b（左）とペガスス座51番星（右）のイメージ
画像：ESO/M. Kornmesser/Nick Risinger（skysurvey.org）

ペガスス座51番星bは、太陽系の惑星の常識が通用しない惑星だったこともあり、多くの天文学者たちから、観測データが本当に正しいのかを疑う声が上がりました。しかし、アメリカの天文学者ジェフリー・マーシーが、ペガスス座51番星bの存在をすぐに確認したことから、論争にはならず、すんなりと認められるようになりました。

　この発見を受けて、たくさんの天文学者がこれまでの観測データを見直したり、新たな観測に取り組んだりすることで、系外惑星は続々と発見されていきます。1995年のペガスス座51番星bの発見から10年ほどで、100以上の系外惑星が発見されました。

　ペガスス座51番星bを発見したマイヨールとケローは、この宇宙に系外惑星が存在することを初めて明らかにしました。ペガスス座51番星bは生命が存在できるような惑星ではありませんでしたが、実際に系外惑星が存在することがわかったことで、人々の宇宙観は大きく変化していきました。その証拠に、系外惑星がたくさん発見されており、その中には生命の存在が期待されるものもあります。このように、系外惑星探査という新しい研究分野を切り開いた功績が認められ、マイヨールとケローの2人は2019年にノーベル物理学賞を受賞しました。

ペガスス座51番星b

発見年	1995年
質量	木星の0.5倍前後
大きさ	不明

＊発見年は、初めて観測された時点ではなく、複数回の観測を経るなどして、発表された時点となっている場合がある。数値は小数点第二位以下を四捨五入したもので、研究によって元の値も異なる場合がある。以降の表（第五章を含む）についても同様

ペガスス座51番星あたりの星空   画像：ESO/Digitized Sky Survey 2

トランジット法とHD209458b

ペガスス座51番星bの発見以降、たくさんの系外惑星が発見されていますが、初期に発見されたものの多くは、ホットジュピターに分類される巨大なガス惑星でした。

ホットジュピターは質量が大きいだけでなく、中心星に近い場所にあるために、中心星を引っ張りやすく、ドップラー効果の影響が現れやすいからです。

太陽系にはない変わったタイプの惑星は、ホットジュピターだけではありません。もう1種類、発見されました。太陽系の惑星の公転軌道はほぼ円に近く、ほぼ同じ平面上にありますが、それらの惑星は巨大なガス惑星にもかかわらず、公転軌道が、大きく歪ん

地球（右）とエキセントリック・プラネット（左、架空の惑星を描画）の公転軌道のイメージ。後者は彗星のように移動し、ハビタブルゾーン（緑の部分）以外では、太陽から遠く離れるため、凍った星になる

画像：NASA/JPL-Caltech

だ楕円軌道だったのです。太陽系では、太陽とそれぞれの惑星の距離が大きく変わることはありません。しかし、この変わった惑星は、まるで彗星のように奇妙な動きをしていました。そのため、エキセントリック・プラネット（奇妙な惑星）と呼ばれています。

　ホットジュピターやエキセントリック・プラネットが次々と発見される中で、ドップラー法以外の方法でも、系外惑星が発見されるようになりました。その代表的な方法が、トランジット法です。トランジットという英単語には、いくつかの意味があります。その1つが「通過」です。

　地球から恒星を観察していると、恒星の前を惑星が通過するときがあります。例えば、太陽系の惑星でも、地球より内側を回る水星や金星を地球から観測していると、ときおり太陽の前を横切るときがあります。このような現象を太陽面通過といいます。

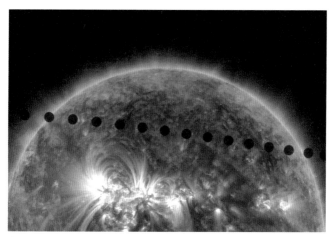

太陽の前を通過する金星は、8年間隔で観測される。画像は2012年のときのもの（一連の画像を合成）
画像：SDO/NASA

107

系外惑星の観測でも太陽面通過のように、惑星が中心星と地球の間を通過することがあります。系外惑星が中心星の前を通ると、その面積だけ光が遮られるので、地球に届く中心星の光は少しだけ暗くなります。トランジット法は、そのときの明るさの変化を観測することで系外惑星を探していきます。

　この方法自体は1952年にカリフォルニア大学バークレー校のオットー・シュトルーベから提案されていました。トランジット法は、単に恒星の光の変化を観測すればいいので、ドップラー法よりも簡単な装置で観測できるのですが、あまり注目されずに忘れ去られてしまったのです。その原因もやはり、太陽系惑星だけしか知らなかったことから生まれた思いこみでした。

　ペガスス座51番星bが発見されるまでは、系外惑星の公転スピードはとても遅く、恒星の前を通過するのは十数年に一度、長い場合は100年に一度くらいの頻度だと思われていました。そのため、トランジット法で系外惑星を探すには長期間の観測が必要で、系外惑星を発見できたとしても、効率が悪すぎるとみなされたのです。

　しかし、ペガスス座51番星bの発見によってトランジット法の価値が高まります。ホットジュピターは公転のスピードが速く、数日から1週間程度で中心星の前を通ります。ということは、短い観測期間でも簡単に系外惑星を発見できるのです。

　このことに気がついたのは、アメリカ・ハーバード大学の大学院生だったデイビッド・シャルボノーのグループと、テネシー州立大学のグレゴリー・ヘンリーのグループでした。彼らは恒星HD209458を観測し、トランジット法によって惑星を発見しようとしていました。HD209458の周りを回る惑星はドップラー法で発見されていたのですが、その追観測という位置づけで、トランジット法でも系外惑星を発見できることを示そうとしたのです。

HD209458あたりの星空。HD209458はペガスス座の7等星で、星座でいうと、ペガススの頭
と前足の間に位置する　　　画像：European Space Agency, NASA and the Digitized Sky Survey

2つのグループは、観測対象も、観測方法も同じということもあり、どちらが先に観測できるか激しく争っていました。

　結局、先に観測したのはシャルボノーのグループでした。彼らは1999年7月にトランジット法で系外惑星HD209458bの観測に成功したのです。この成功により、トランジット法は、ドップラー法で見つかった系外惑星の追観測をする方法として使われるようになりました。そして、追観測だけにとどまらず、トランジット法で未知の系外惑星を探す動きへとつながっていきます。

　HD209458bは後にオシリスという名でも呼ばれるようになりました。質量は木星の0.7倍（地球の220倍）、大きさは木星の1.4倍にもかかわらず、中心星であるHD209458から700万kmしか離れていません。この距離は、太陽から水星までの距離の8分の1程度です。典型的なホットジュピターなので、生命は存在しないと考えられています。

　HD209458bは、その後、大気をもつことが系外惑星の中で初めて確認されました。さらに、大気の詳しい組成も明らかになってきて、大気中に酸素、炭素、水素などが含まれていること、そして惑星から水素が放出されていることがわかってきました。HD209458bは、恒星の近くにあるので、惑星を形づくるガスが熱せられ、惑星の強い重力を振り切って、宇宙空間に放出されているようです。今後、観測が進んでいけば、ガスが放出され終わった後の元ホットジュピターといった天体も発見されるかもしれません。

HD209458b

発見年	1999年
質量	木星の0.7倍前後
大きさ	木星の1.4倍前後

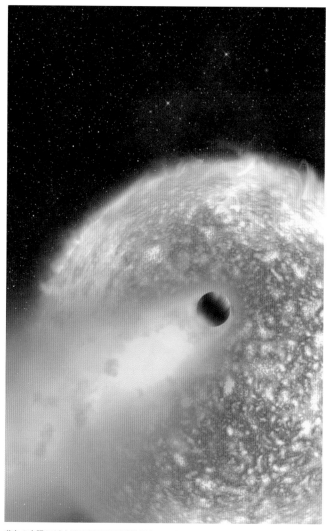

黄色の太陽のようなHD209458の周りを回る、HD209458b
画像：NASA/European Space Agency/Alfred Vidal-Madjar（Institut d'Astrophysique de Paris, CNRS）

革命をもたらした探査機ケプラー

　トランジット法で未知の系外惑星を探す方法は、1970年代から提案されていました。そして1980年代には、地上の望遠鏡でたくさんの恒星を観測することによって巨大ガス惑星が観測でき、宇宙望遠鏡を使えば地球サイズの岩石惑星が観測できることなどが論じられていました。

　1999年7月にトランジット法で系外惑星が実際に観測できると確認されたことで、トランジット法を使って未知の惑星を探すプロジェクトがいくつも始まりました。その中で、たくさんの系外惑星の発見に成功し、系外惑星研究を飛躍的に推し進めたのがアメリカの系外惑星探査機ケプラー（実態は宇宙望遠鏡）です。

ケプラーのソーラーアレイ裏側（左）とその取りつけ前の本体（右）　画像：NASA and Ball Aerospace

　ケプラーは、主鏡の口径が1.4mと、あまり大きな望遠鏡ではありません。しかし、大気のない宇宙空間で観測できるので、大気のゆらぎが発生する地上よりも高い精度で観測することができます。しかも、この衛星には225万画素のイメージセンサーが42基も搭載されていました。この画素数は、ケプラーがつくられた当時、宇宙で活動する観測機器の中でも最大規模を誇るものです。この高画素のイメージセンサーのおかげで、ケプラーはたくさんの恒星を一度に観察することができました。

　得られたデータは地上に送られ、撮影されている恒星の明るさが変化するタイミングを測定し、系外惑星があるかどうかを、そして、ある場合はいくつあるのかを判定していきます。2009年に打ち上げられたケプラーによる観測とデータの解析は順調に進み、2013年には2500個以上の系外惑星候補天体を発見できました。

デルタⅡロケットによるケプラー打ち上げ
画像：NASA/Kim Shiflett

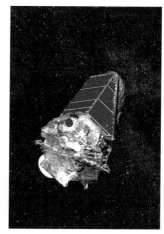

航行中のケプラーのイメージ　　　画像：NASA

ケプラーは、地球の後を追いかけるように太陽の周りを回り、こと座の近く、はくちょう座の方角に望遠鏡が向けられた。描きこまれた21個の正方形（42個の長方形）が、ケプラーの探査領域
画像：Carter Roberts/Eastbay Astronomical Society

ケプラーによって最初に発見された5個の太陽系外惑星のうちの1つ、ケプラー7bのイメージ
画像：Aldaron, a.k.a. Aldaron

　ところが、2013年5月、ケプラーを悲劇が襲いました。衛星の姿勢を制御するための大切な装置であるリアクションホイールが故障してしまったのです。そのため、多くの天文学者に惜しまれながらも、2013年8月に初期観測の終了が発表されました。

　ケプラーの運用はこのまま終わってしまうと思われましたが、この発表の後、太陽光の圧力（光圧）をうまく利用することで、残されたリアクションホイールで姿勢を保てることがわかりました。この方法で、別の領域の恒星を観測するK2ミッションを開始。K2ミッションはケプラーの燃料がなくなる2018年10月30日まで続きました。

　2021年7月18日現在、発見された系外惑星の数は4400個を超えています。ケプラーの観測データからは、その半分以上にあたる2600個ほどの惑星が発見されています。ケプラーは9年にわたる観測で53万以上の恒星を観測しました。実は、その観測データのすべてが解析されたわけではありません。

トランジット法では、同じ恒星の画像を何枚も撮影します。様々なタイミングで撮影した複数の写真を比較することで、恒星の光量の変化を測定し、系外惑星があるかどうかを判定していくため、画像の解析には時間がかかります。現在、データ解析の時間を少しでも短縮しようと、人工知能（AI）技術の1つである機械学習を活用して、系外惑星を自動的に探すことも研究されています。この研究で系外惑星探しが自動化されれば、膨大なデータの中に埋もれていた系外惑星がたくさん発見できるのではないかと期待されています。

＊ケプラーによって見つかった系外惑星の例は、第五章で紹介する。発見当初に「ケプラー○○」「K2-○○」という名前がつけられたものが多い。のちに「KOI-○○」という名前もつくものがある

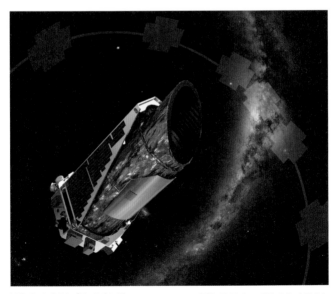

K2ミッション中のケプラーのイメージ　　　　　　画像：NASA Ames/JPL-Caltech/T Pyle

ケプラーの後継機TESS

　ここまでの観測結果から、この宇宙にあるほとんどの恒星の周りには系外惑星があると考えられるようになってきました。発見された4400ほどの惑星の中で、地球と同じくらいの大きさのものは165ありました。地球よりも大きく、天王星よりも小さなスーパーアース（巨大地球型惑星）も含めると、1500以上になります。

　もちろん、ケプラーの観測結果からも、地球と同じような大きさの惑星がいくつも発見されています。ただ、ケプラーが観測していたのは、地球から300～3000光年くらいの場所にある恒星の周りにある系外惑星でした。この距離の観測では、地球サイズの小さめの惑星があることはわかるものの、そこに生命がいるのかを直接確かめることができません。

　系外惑星に生命がいるかどうかを判断するには、質量、大気や海の有無など、その惑星についての詳しい情報が必要です。しかし、ケプラーが発見した惑星は、どれも遠くにあるため、現在の技術では詳しい情報を得る方法がないのです。

　そこで、現在は、より地球に近い場所にある恒星での系外惑星探しが進められています。2018年4月に、ケプラーの後継機となる新しい系外惑星探索衛星TESSが打ち上げられています。TESSもケプラーと同じようにトランジット法で系外惑星を探す衛星ですが、TESSはケプラーよりも観測範囲がとても広く、地球の夜空の85％もの範囲をカバーできます。しかも、地球から30～300光年ほどの比較的近い距離にある恒星の観測もできるのです。

　太陽系は天の川銀河の一員です。天の川銀河には2000億個もの恒星があると考えられていますが、太陽の近くには太陽のよう

な恒星はあまり存在しません。

　太陽から20光年以内にあるのは、太陽よりも暗くて赤く光る赤色矮星と呼ばれる種類の恒星です。TESSが見つけ出そうとしているのも、地球に比較的近い場所にある赤色矮星の周りにある

系外惑星です。2021年7月18日現在、TESSは196個の系外惑星を発見しています。これらの中から、生命が育まれている惑星が見つかるのか、とても楽しみです。

TESSによって発見されたTOI-700dのイメージ。ハビタブルゾーンにあり、地球サイズの系外惑星
画像：NASA/Goddard Space Flight Center

TESS（左下）の航行イメージ　　　　　　　　　　　画像：NASA

第五章

次々と見つかる系外惑星

CoRoT-7b

　2009年に太陽系外で初めて発見された岩石型の惑星。地球から490光年ほど離れた場所に位置する太陽のような恒星CoRoT-7の周辺で発見されました。CoRoT-7bは大きさが地球の1.6倍、質量が地球の5.7倍ほどで、スーパーアースに分類されます。発見された当初は、地球によく似た系外惑星ということで注目を集めました。

　しかし、この惑星に生命の存在は期待できません。CoRoT-7bは中心星からの距離が255万kmと、太陽から水星までの距離の23分の1ほどしかないからです。これまで発見されている岩石型の惑星の中で、中心星からの距離がもっとも短く、昼間は表面温度が2000℃以上になると考えられています。表面の岩石が融けてしまい、マグマの海に覆われていることでしょう。

　この惑星を発見したのは、フランスのフランス国立宇宙研究センター（CNES）とヨーロッパのESAが中心になって2006年12月に打ち上げられた宇宙望遠鏡のコロー（CoRoT）です。コローは系外惑星探しだけでなく、恒星の内部構造を探る星震学の分野でも大きな研究成果を挙げました。

CoRoT-7b（手前）とCoRoT-7（奥）のイメージ　　　　　　画像：ESO/L. Calçada

CoRoT-7b

発見年	2009年
質量	地球の5.7倍前後
大きさ	地球の1.6倍前後

GJ1214b

　GJ1214bは、地球から40光年と比較的近い場所にある系外惑星です。大きさは地球の約2.7倍、質量は約6.6倍です。中心には鉄とニッケルでできた固体の核がありますが、大部分が氷でできていると考えられています。この惑星の大気の成分は、水素か水蒸気か議論がありましたが、すばる望遠鏡での観測では、水蒸気を豊富に含んでいる可能性が高いことが示されました。ただ、惑星の空が厚い雲で覆われていた場合は、水素が主成分の可能性もあるので、今後のより詳しい観測結果によっては、主成分が変わるかもしれません。

　なお、星の名前の頭に「GJ」「グリーゼ」などがついているのは、その星が、ドイツの天文学者ヴィルヘルム・グリーゼが始めた天体カタログ「グリーゼ近傍恒星カタログ」やその改訂版「グリーゼ・ヤーライスカタログ」に登録されていることから来ています。

GJ1214b

発見年	2009年
質量	地球の6.6倍前後
大きさ	地球の2.7倍前後

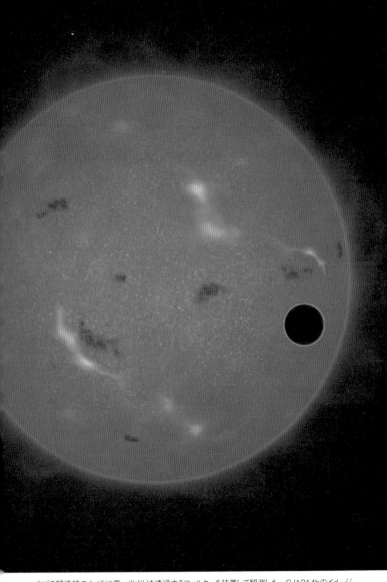

すばる望遠鏡のカメラに青い光だけを透過するフィルターを装着して観測した、GJ1214bのイメージ
画像：国立天文台

グリーゼ667Cの惑星

　さそり座の方角に地球から22光年の場所には、グリーゼ667A、グリーゼ667B、グリーゼ667Cの3つの恒星からなる三重連星があります。この連星の中で一番小さな赤色矮星グリーゼ667Cの周りには最大で7つの惑星が存在すると見られています。しかも、そのうち、グリーゼ667Cc、グリーゼ667Ce、グリーゼ

グリーゼ667Cc地表のイメージ。空に浮かぶのは、グリーゼ667C（左）、グリーゼ667Aとグリーゼ667B（右）
画像：ESO/L. Calçada

667Cfの3つはハビタブルゾーンの中に入っているといいます。このような発見は初めてで、当時は大きな話題となりました。

3つの惑星は地球の3〜4倍くらいの質量をもつ岩石惑星のスーパーアースで、生命の存在も期待されているのです。

グリーゼ667Cc

発見年	2011年
質量	地球の3.7倍以上
大きさ	不明

グリーゼ667Cd地表のイメージ。グリーゼ667Cc、グリーゼ667Ce、グリーゼ667Cfと比べて中心星より遠くにある

画像：ESO/M. Kornmesser

グリーゼ667C周辺の空。一番明るいのは、グリーゼ667Aとグリーゼ667Bが一緒になって輝いている部分。グリーゼ667Cはそのすぐ下

Image：ESO/Digitized Sky Survey 2. Acknowledgement: Davide De Martin

ケプラー22b

　ケプラーによって観測され、2011年12月に発表された系外惑星。この惑星の中心星であるケプラー22は、太陽と同じような恒星で、地球から620光年離れた場所にあります。大きさが地球の2.4倍ほどのスーパーアースで、中心星の周りを290日で1周しています。この惑星は中心星のハビタブルゾーンに位置する、初めてのスーパーアースです。

　表面温度は22℃と、生物が生存するのに適していると考えられますが、質量がはっきりしていないため、地球のような岩石惑星なのか、小さなガス惑星なのか、よくわかっていません。岩石惑星であれば、表面に液体の水が存在し、生命がいる可能性がとても高くなります。

ケプラー22b

発見年	2011年
質量	地球の52.8倍以下
大きさ	地球の2.4倍前後

ケプラー22bのイメージ　　　　　　　　　　　　画像：NASA/Ames/JPL-Caltech

ケプラー62f

　こと座の方角に地球から1200光年離れた場所にある系外惑星ケプラー62fは、地球の1.4倍くらいの大きさのスーパーアースです。中心星のケプラー62は、質量が太陽の70％、周囲に放出するエネルギーが太陽の20％ほどで、オレンジ色に光っています。ケプラー62fは、中心星から1億740万kmほどの位置にあり、この星のハビタブルゾーンに入っています。

　この惑星は、質量や成分構成などがまだよくわかっていませんが、岩石惑星である可能性が高いと見られています。もし、地球と同じような成分構成であれば、質量は地球の2.5〜3倍くらいになるでしょう。表面に液体の水が存在する可能性が高く、重力も地球と似かよったものになる可能性もあることから、地球によく似た惑星の1つと考えられています。

　ケプラー62の周囲には、ケプラー62fを含め、5つの惑星が存在するとされました。その中には、地球の1.7倍程度と、ケプラー62fよりも少し大きめの惑星ケプラー62eもあり、この惑星もハビタブルゾーンの範囲にあると考えられています。

ケプラー62f

発見年	2013年
質量	地球の35倍以下
大きさ	地球の1.4倍前後

ケプラー62fのイメージ　　　　　　　　　　　　　画像：NASA/Ames/JPL-Caltech

左から、ケプラー22b(p.126)、ケプラー62e、ケプラー62f、地球。大きさを比較した図

画像：NASA Ames/JPL-Caltech

ケプラー186f

　ケプラー186fは、地球から492光年ほど離れた場所にある恒星ケプラー186の周囲に位置している惑星です。発見されたのは2014年で、直径は地球の1.1倍ほどと、地球とほぼ変わらない大きさです。その大きさから、ケプラー186fは岩石型の惑星であると考えられています。

　しかも、この惑星は主星のハビタブルゾーンの領域に入っています。地球と同じような大きさの系外惑星がハビタブルゾーンの中で発見されたのは、ケプラー186fが初めてのことでした。ケプラー186fが本当に岩石型惑星であるならば、地球のように表面に液体の海が存在してもおかしくはありません。そうすれば生命が存在する可能性がとても高くなります。

　ただし、地球とケプラー186fには大きな違いがあります。それは、中心星の明るさです。ケプラー186fの中心星であるケプラー186は赤色矮星で、質量が太陽の半分ほど、周囲に放出する光の量は太陽の3分の1ほどだと考えられています。そのため、中心星からケプラー186fまでの距離は、太陽から地球までの距離よりもだいぶ短く、ケプラー186fの公転周期は130日となります。

　ケプラー186fに液体の海や生命が存在する可能性はとても高いのですが、この惑星は地球から遠すぎるために、現在の技術ではそれを確かめることができません。惑星の詳しい質量などが測定できず、組成や大気の有無などがよくわかっていないのです。ケプラー186fは、ハビタブルゾーンの外側の方を回っているので、

ケプラー186f（右）とケプラー186（左）のイメージ
画像：NASA Ames/SETI Institute/JPL-Caltech

温室効果のある大気がない限り、表面に水があっても凍ってしま
うと考える専門家もいるそうです。

　恒星ケプラー168の周りには、ケプラー186fの他にも4つの惑
星が存在します。それらの惑星の直径はすべて地球の1.5倍以内と、
地球に似た大きさです。でも、主星からの距離が近すぎるために、
岩石惑星であったとしても高温になりすぎて、生命の存在は期待
できないといいます。

ケプラー186f

発見年	2014年
質量	不明
大きさ	地球の1.1倍前後

ケプラー438b

　ケプラー438bは、地球から473光年の距離にある赤色矮星の周りに存在する惑星です。大きさは地球の1.12倍、質量は地球の1.3倍ほどで、岩石型惑星のスーパーアースと見られています。この惑星は、中心星から2480万kmほどの距離を、約35日で1周しています。

　表面の温度は地球に似ていて、しかもハビタブルゾーンに入っているので、生命がいるかもしれないと期待が高まります。ただ、中心星の赤色矮星ケプラー438は、とても活動的で、数百日に1回の頻度で大規模な爆発現象のフレアを起こすようです。ケプラー438bと中心星の距離は、地球と太陽の距離の16%ほどととても短いことから、ケプラー438bにはとても強い放射線や紫外線などが降りそそぐ可能性があります。この惑星に十分な磁場や大気がなければ、強い放射線や紫外線が惑星表面まで到達するために、生命が棲めない環境になっているかもしれません。

ケプラー438b

発見年	2015年
質量	地球の1.3倍前後
大きさ	地球の1.1倍前後

地球（左）とケプラー438b（右）のサイズを比較　　　　　　　画像：NASA

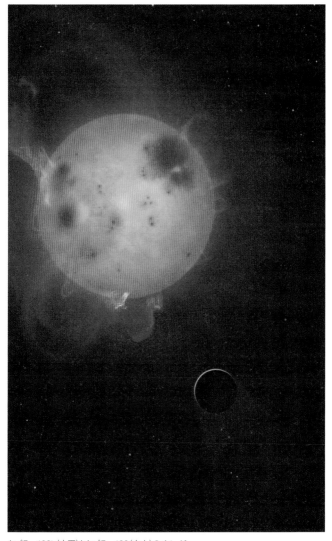

ケプラー438b（右下）とケプラー438（左上）のイメージ

画像：Mark A Garlick/University of Warwick

ケプラー442b

　地球から1115光年先で発見された系外惑星ケプラー442b。中心星は、太陽の6割ほどの質量の赤色矮星で、ケプラー442bはその周りを112日間で1周しています。大きさは地球の1.34倍、重さは地球の2.3倍ほどで、岩石型惑星である確率は60%です。この惑星は主星から6120万kmほどの位置にあり、ハビタブルゾーンに入っていると見られています。岩石惑星であるなら、表面に海ができ、生命が存在する可能性が高くなります。

ケプラー442b

発見年	2015年
質量	地球の2.3倍前後
大きさ	地球の1.3倍前後

ケプラー442b（左）と地球（右）のサイズを比較　　　　　　画像：Ph03nix1986

ケプラー444の惑星

　ケプラー444は地球から117光年先にある9等星で、地球より少し小さい惑星が5個、2015年に発見されました。中心星は112億年も前に誕生したものです。これは天の川銀河が生まれてわずか20億年ほど後にあたり、その頃から惑星をもつような恒星があったことが判明したため、注目を集めました。

　5つの惑星はケプラー444に近すぎて、生命が存在するのは難しいと見られるものの、歴史的な発見となりました。

ケプラー444f

発見年	2015年
質量	不明
大きさ	地球の0.7倍前後

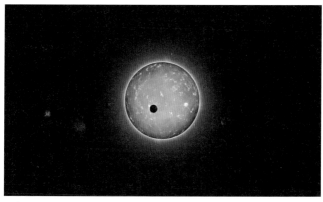

ケプラー444と惑星5つのイメージ　　　　　　画像：Tiago Campante/Peter Devine

ケプラー452b

ケプラー452bは2015年に発見された系外惑星です。この惑星は地球から1400光年ほど離れた場所にある恒星ケプラー452の周りを回っていて、直径は地球の1.6倍程度のスーパーアースと考えられています。地球よりも少し大きめの惑星ですが、やはり岩石惑星であると見られています。

中心星のケプラー452は太陽とよく似た恒星で、直径は太陽よりも1割ほど大きく、明るさは2割ほど明るくなっています。誕生した年代は太陽よりも少し早い60億年前です。

ハビタブルゾーン内に存在すると考えられる系外惑星の中心星は、赤色矮星や橙色矮星といったタイプであることが多く、太陽に似たものは少ないので、発見当時は特に注目されました。

ケプラー452bと中心星の距離は、地球から太陽までの距離と同じくらいで、ケプラー452bは中心星の周りを385日で1周するところも地球を彷彿とさせます。そのため、ケプラー186f（p.130）よりも地球に似ているといわれています。もちろん、地球と太陽との関係性から考えて、ケプラー452bに海が存在するのは確実視されています。

ケプラー452b

発見年	2015年
質量	地球の3.3倍以下
大きさ	地球の1.6倍前後

ケブラー452b（右）とケブラー452（左）のイメージ　　　画像：NASA/JPL-Caltech/T. Pyle

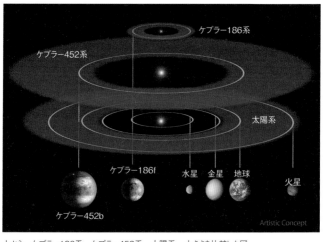

上から、ケブラー186系、ケブラー452系、太陽系。大きさを比較した図

画像：NASA/JPL-CalTech/R. Hurt

K2-18b

　地球から124光年離れた場所にある赤色矮星K2-18の周りを回る、系外惑星K2-18b。大きさは地球の2.7倍程度ですが、質量は地球の8.6倍ほどもあるスーパーアースです。

　この惑星は中心星から2100万kmほど離れていて、ハビタブルゾーンの範囲に入っていると考えられています。また、ハッブル宇宙望遠鏡の観測データを分析したところ、大気に水蒸気が含まれていることが確認されました。そのため、惑星の表面に海が形

K2-18b（右）とK2-18（左）のイメージ。K2-18系の他惑星も小さく見える
画像：ESA/Hubble, M. Kornmesser

成され、生命も育まれているのではないかと期待されています。

　ただし、その実態については、意見が分かれています。この惑星は、質量が地球の9倍近くあるために、地球よりも重力が強くなっています。仮に生命がいるとしても、強い重力が生命にどのような影響を与えるのかは、謎のままです。

K2-18b

発見年	2015年
質量	地球の8.6倍前後
大きさ	地球の2.7倍前後

ハッブル宇宙望遠鏡のイメージ　　　　　　　　　　画像：NASA

プロキシマ・ケンタウリb

　プロキシマ・ケンタウリ（プロキシマ）は、太陽に次いで地球に近い恒星、つまり、太陽の隣に位置する恒星です。地球からの距離は約4.2光年となります。プロキシマ・ケンタウリは、ケンタウルス座アルファ星の一角を占める恒星として知られています。ケンタウルス座アルファ星は、3つの恒星が共通の重心の周りを回っている三重連星です。

　ケンタウルス座アルファ星A（A星）とB（B星）は太陽とよく似た明るい星で、わりと近い位置に存在しています。そして、この2つの星の周りを3つ目の星であるC星が回っています。このC星こそがプロキシマです。ちなみに、プロキシマというのは、「もっとも近い」を意味するラテン語で、A星、B星よりもわずかに太陽に近い位置にあります。

　プロキシマは、A星、B星とは違い、太陽より暗くて小さい赤色矮星です。この2つの恒星から遠い位置で公転周期が55万年と、とてもゆっくり回っていることや、成分も2つの恒星と違います。これらの観測結果から、ケンタウルス座アルファ星は、もともとA星とB星の連星だったのですが、近くを通ったプロキシマがこの連星に引き寄せられたのではないかと考えられています。

　2016年に、ケンタウルス座アルファ星の外側に位置するプロキ

プロキシマ・ケンタウリb地表のイメージ　　　　　　　画像：ESO/M. Kornmesser

シマに、地球と同じような惑星プロキシマbが発見されました。
プロキシマbの質量は地球の1.27倍以上、大きさは地球の1.1倍
以上と見積もられていて、岩石惑星であると考えられています。

　プロキシマbと中心星との距離は約750万kmと、地球から太
陽までの距離の5％くらいしかありません。距離だけを比べると
水星と似ています。でも、赤色矮星のプロキシマからの熱と光は

弱く、周囲に放出するエネルギーの量は太陽の1000分の1ほどです。そのため、この距離でもハビタブルゾーンの中に入ります。

ただし、表面に液体の水が存在するかどうかは見解が分かれます。また、赤色矮星の表面では大規模な爆発現象であるフレアが起きやすいという説もあります。太陽では1年に1回ほどの頻度で、巨大なフレアが発生することがあり、そのときは人工衛星が故障したり、大規模な停電が起きたりと、社会生活にも影響をもたらします。

巨大フレアが起きても、地球のように惑星の表面に1気圧程度の大気が取りまいていれば、生命に大きな害を与える放射線が直撃することはありません。しかし、プロキシマbの場合は、大気が地球ほど厚くない可能性が高いため、中心星で巨大なフレアが発生した場合は、生命に危険を及ぼすほどの放射線が降り

プロキシマ・ケンタウリb（右）とプロキシマ・ケンタウリ（左）のイメージ　　　　画像：ESO

そそぐかもしれないという研究結果が発表されています。

　また、中心星からの距離が近いプロキシマbは、フレアによって放出されるプラズマ粒子の影響を受けて、大気がはぎ取られている可能性もあります。地球のような大きさの惑星がハビタブルゾーンにあるからといって、生命がいるとは限らないのです。プロキシマは太陽の隣にある恒星なので、その周囲を回る惑星に生命がいるかもしれないという話はロマンに満ちていますが、実際にはどうなのか、まだはっきりとした答えは出ていません。

プロキシマ・ケンタウリb

発見年	2016年
質量	地球の1.3倍以上
大きさ	地球の1.1倍以上

プロキシマ・ケンタウリ周辺の空と、チリのラ・シヤ天文台
画像：Y. Beletsky (LCO)/ESO/ESA/NASA/M. Zamani

ホーキング博士も関わった
夢のある探査計画

　宇宙探査はこれまで太陽系の中を中心におこなわれてきました。人類が送り出した探査機の中で、一番遠くに行ったのがボイジャー1号と2号です。どちらとも1977年に打ち上げられており、既に太陽風の影響を受ける範囲である太陽圏を抜けて飛行しています。2021年3月の時点で、ボイジャー1号は地球から約228億km離れた場所に、2号は約190億km離れた場所にいます。

　人間からすれば40年以上かけてとても遠くまで行ったように感じますが、宇宙から見ればほんの少ししか移動していません。このままのペースで飛行しても、ボイジャー1号が太陽の隣の恒星系であるケンタウルス座アルファ星に到着するには20万年以上かかると見積もられています。

　この事実を目の当たりにすると、人類が太陽系以外の天体に探査機を送るのは不可能に思えてきます。しかし、2016年4月に、ケンタウルス座アルファ星に探査機を送るという挑戦的な計画が発表されました。

　これは「ブレイクスルー・スターショット」計画と名づけられ、ロシア出身のIT投資家であるユリ・ミルナーさんが立ち上げたものです。この計画には、車いすの物理学者として有名な故スティーブン・ホーキング博士も参加しており、2016年の記者会見では、ホーキング博士も登壇し、話題になりました。

　ケンタウルス座アルファ星に送りこまれるのは、スターチップと呼ばれる1辺2cmのとても小さな探査機です。数gしかない機体には、カメラ、ナビゲーションシステム、通信機器などが詰めこまれ、1辺が数mの極薄の帆を取りつける予定です。宇宙空間

では、この帆が開き、太陽風を受けて進みます。それに加えて、地上から強力なレーザー光線を照射することで、光速の20％までスターチップを加速させることになっています。ここまで加速しても、スターチップがケンタウルス座アルファ星に到着するまでに、打ち上げから20年ほどかかるといいます。

　しかも、スターチップは概念設計の段階で、今の時点では実際につくる技術がありません。スターチップを実現するには、長い技術開発期間と膨大な予算が必要となります。実際につくることができるかどうか不透明な部分もありますが、隣の恒星系に探査機を送るというのは、とても夢のある計画です。

帆が太陽風を受けて進むイメージ

画像：Kevin Gill

トラピスト1の惑星

　みずがめ座の方角に地球から40光年ほど離れた場所にある赤色矮星トラピスト1。この星の周りには7つの惑星が存在します。発見当初の観測では、これらの惑星の7つとも、直径が地球の0.75〜1.13倍、密度が地球の0.6〜1.17倍の範囲に入り、地球と同じ岩石型惑星であると考えられていました。内側から、トラピスト1b、c、d、e、f、g、hと呼ばれています。

　太陽系にも8つの惑星が存在しますが、岩石型惑星は4つだけで、木星と土星は地球の10倍ほどの大きさの巨大ガス惑星、天王星と海王星は地球の4倍程度の大きさの巨大氷惑星と、成分や大きさ、質量がバラバラです。ところが、トラピスト1の惑星は、7つすべてが岩石型惑星で、密度も地球と似かよっています。1つの恒星の周りに、地球に似た惑星がこれだけたくさん発見されたのは、初めてのことです。

　トラピスト1の7つの惑星は、中心星から900万kmまでの距離に収まっています。これは、太陽系で考えると水星よりも内側に7つの惑星が密集していることになります。太陽系では、これほど近い場所にある惑星には生命が存在することはできませんが、赤色矮星であるトラピスト1の周りでは話が変わります。

　太陽の表面温度が約6000℃なのに対して、トラピスト1の表面温度は2300℃ほど。当然、周囲に放出される熱や光の量は、太陽よりも小さいものです。そのため、中心星からとても近い距離にあるにもかかわらず、外側に位置するf、g、hの3つの惑星はハビタブルゾーンの中に入っていると見られていて、第二の地球の有力候補となっています。

トラビスト1系のイメージ。外側のいくつかの惑星には、氷や液体の水が存在する可能性がある
画像：NASA/JPL-Caltech/R. Hurt（IPAC）

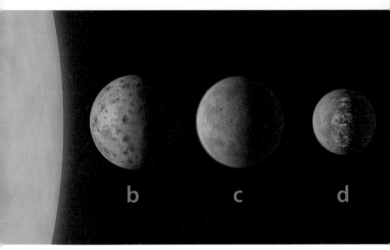

中心星（左）から近い順に、トラピスト1b、c、d、e、f、g、hと呼ばれている。なお、トラピスト
は、うち3つを初めて発見した際に使われた望遠鏡の名前

画像：NASA/JPL-Caltech/R. Hurt, T. Pyle（IPAC）

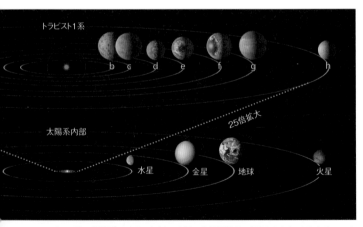

トラピスト1系は太陽系よりかなり小さく、水星の公転軌道内に収まるサイズ。トラピスト1e、f、
g、hは、ハビタブルゾーン内またはその近くにあると考えられている

画像：NASA/JPL-Caltech/R. Hurt, T. Pyle（IPAC）

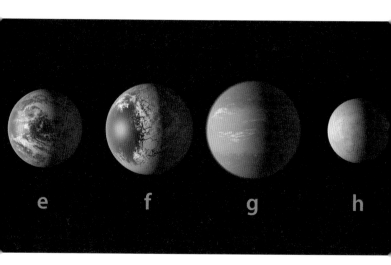

トラピスト1f（右）の近くから見た、他の惑星と中心星のイメージ　　画像：NASA/JPL-Caltech

また、最近のより詳しい観測では、7つの惑星の密度はすべて、地球よりも少し小さいことが示されました。この観測結果から、惑星の表面には液体の水があまりないかもしれないという説も考えられています。

　トラピスト1の7つの惑星のどれかに生命が存在するかどうかは、現時点ではまだ何ともいえません。でも、アメリカで打ち上げが予定されているジェームズ・ウェッブ宇宙望遠鏡など、次世代望遠鏡が本格的に稼働するようになれば、決着がつくことでしょう。

トラピスト1d

発見年	2016年
質量	地球の0.4倍前後
大きさ	地球の0.8倍前後

トラピスト1d（左）の近くから見た2つの惑星と中心星のイメージ

画像：ESO/M. Kornmesser/N. Risinger

トラビスト1d地表のイメージ　　　　　　　　　画像：ESO／M. Kornmesser

トラビスト1の惑星のイメージ。水があまりないとも想定されている　　画像：ESO/M. Kornmesser

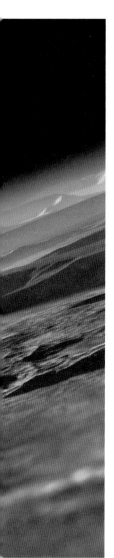

トラピスト1の惑星上空から、他の惑星や中心星を見たイメージ
画像：ESO/N. Bartmann/spaceengine.org

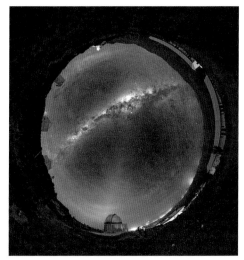

トラピスト1の発見に使われたチリのラ・シヤ天文台とその上空
画像：Guillaume Doyen/ESO

ケプラー1229b

　ケプラー1229bは、地球から770光年離れた場所にある系外惑星。赤色矮星ケプラー1229系で発見された、唯一の惑星です。

　ケプラー1229bは地球より大きくて重く、ガス惑星である天王星や海王星より小さいサイズです。おそらく岩石に覆われたスーパーアースであろうと考えられています。

　ケプラー1229bの公転軌道は、中心星から4490万km離れた位

ケプラー1229b（手前）とケプラー1229（奥）のイメージ　　　　画像：MarioProtIV

置にあります。この軌道を太陽系に当てはめると、太陽から水星までの距離の8割程度の距離です。ケプラー1229bはこの軌道を87日ほどで1周します。

　表面の平均温度はマイナス60℃ほどと考えられており、明るい部分と暗い部分の間に液体の水が存在しうる温度のエリアがあると見られています。ただ、あまりにも遠い場所にあるため、詳細はわかっていません。次世代の宇宙望遠鏡や地上の大型望遠鏡による詳しい調査がケプラー1229周辺でおこなわれることを期待します。

ケプラー1229b

発見年	2016年
質量	地球の2.5倍以下
大きさ	地球の1.3倍前後

ケプラー1229b（右下）と地球（左上）のサイズを比較

画像：NASA

ロス128b

　2017年11月に発表された系外惑星ロス128bもまた、地球に似ているといわれる系外惑星の1つです。質量は地球の1.4倍以上で、大きさは地球の1.2倍ほどと考えられています。ロス128bは中心星の周りを9.9日という短い周期で回っています。公転周期がこれほど短いのは、ロス128bの中心星からの距離が748万kmと、地球と太陽の距離の5%ほどしかないからです。

　これほど近い位置にいるのに、ロス128bが中心星から受け取る光は、地球が太陽から受け取る光の1.38倍程度です。これは中心星のロス128が太陽よりも暗い赤色矮星だからです。惑星ロス128bがハビタブルゾーンの範囲に入っているのかどうかは、まだよくわかっていませんが、この惑星の気候は温暖なのではないかと考えられています。

　ロス128bとその中心星は、現在、地球から11光年の距離にあるのですが、地球にどんどん近づいています。7万9000年後には、ケンタウルス座アルファ星よりも近い場所にやってくる見込みです。つまり、ロス128bは、将来、地球に一番近い系外惑星になるのです。

ロス128b

発見年	2017年
質量	地球の1.4倍以上
大きさ	地球の1.2倍前後

ロス128b（手前）とロス128（奥）のイメージ　　　　　　画像：ESO／M. Kornmesser

ティーガーデン星の惑星

　2021年現在、生命が存在するのではないかと特に期待が寄せられている星の1つが、ティーガーデン星の惑星です。

　ティーガーデン星は2003年に見つかっており、2006年には、地球から12.5光年離れたところにある赤色矮星であることがわかっていました。そして2019年、地球に近い大きさの惑星が2つあると考えられると発表されたのです。系外惑星を研究する国際プロ

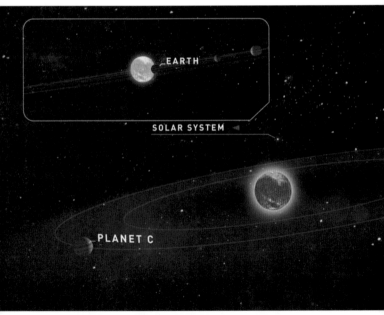

EARTH

SOLAR SYSTEM

PLANET C

ドイツのゲッティンゲン大学が発表した、ティーガーデン星とその惑星のイメージ。左上は太陽系のイメージ（実際はティーガーデン星系よりずっと大きい）
画像：Universität Göttingen

ジェクト「CARMENES」が、スペインにあるカラーアルト天文台の望遠鏡を使用して確認しました。

　ティーガーデン星は太陽より暗く、ずっと小さいのですが、2つの惑星は、地球と太陽の間より近い距離で公転しています。さらに、惑星はいずれもハビタブルゾーンに位置し、より中心星に近いティーガーデンbは、地表の温度が0〜50℃で、水が液体として存在する可能性があるというのです。中心星は、激しく揺れたりフレアを出したりすることが少ないと見られ、80億年前に生まれた星であることから、生命の進化を期待する人もいます。

ティーガーデンb

発見年	2019年
質量	地球の1.0倍前後
大きさ	不明

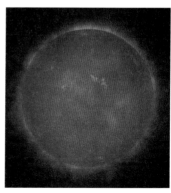

ティーガーデン星のイメージ。太陽と比べて30万倍暗い赤色矮星　画像：NASA/Walt Feimer

ケプラー1649c

　地球から300光年離れたところにある、ケプラー1649cという惑星も、大きさや温度が地球と似ている星ではないかと注目されています。テキサス大学のアンドリュー・ヴァンダーバーグらの研究チームが、ケプラーによる観測結果を見直していた中で、この系外惑星の存在が確認され、2020年に発表されました。

　ケプラー1649cが、中心星の赤色矮星から受ける光量は、地球の75%ほどといわれています。表面温度も地球と似ている可能性があり、水が液体として存在しうるハビタブルゾーンに位置しています。大気の状態など、詳しいことはわかっていませんが、地球サイズの惑星は意外に多いのかもしれません。

ケプラー1649c

発見年	2020年
質量	不明
大きさ	地球の1.0倍前後

地球　　　　　　　　ケプラー1649c

ケプラー1649cは地球と同じぐらいの大きさの惑星
画像：NASA/Ames Research Center/Daniel Rutter

ケプラー1649c（左）とケプラー1649（右）のイメージ

画像：NASA／Ames Research Center／Daniel Rutter

ケプラー1649c地表のイメージ　　　　　画像：NASA／Ames Research Center／Daniel Rutter

KOI-456.04(ケプラー160e)

　こと座の方角に地球から3000光年ほど離れた場所で、2020年6月に発見された系外惑星の候補天体。まだ候補天体なので、KOI-456.04という仮の番号がつけられていますが、中心星であるケプラー160で発見された4番目の惑星候補であることから、ケプラー160eと呼ばれることもあります。

　中心星のケプラー160は表面温度5200℃で大きさが太陽の1.1倍と、太陽によく似た恒星です。KOI-456.04とケプラー160の距離は、地球と太陽の距離と同じくらいで、KOI-456.04は378日でケプラー160の周りを1周すると見られています。天体の大きさは地球の1.9倍ほどで、岩石型惑星の可能性が高いと考えられています。もちろん、ハビタブルゾーンの中に入っています。

　この天体が中心星から受け取る光の質や量は地球が太陽から受け取る光とほぼ同じです。KOI-456.04が穏やかな温室効果のある大気に囲まれていれば、平均の表面温度は5℃ほどになると考えられていて、生命が生存しやすい環境になっているかもしれません。

　系外惑星であることが確定したわけではありませんが、KOI-456.04は地球と共通点が多いことから、生命の存在も大いに期待されます。これから打ち上げられるアメリカのジェームズ・ウェッブ宇宙望遠鏡、ヨーロッパのプラトー宇宙望遠鏡によって、直接観測できれば、より詳しい状況が明らかになることでしょう。

KOI-456.04(ケプラー160e)

発見年	2020年
質量	不明
大きさ	地球の1.9倍前後

私たちは私たちだけなのか

地球外知的生命体にメッセージを

　この宇宙の中に知的生命体（宇宙人）がいるかもしれないという期待は、系外惑星が発見される前からありました。過去から現在にかけて、まだ見ぬ宇宙人を探すためのプロジェクトがいくつか実施されています。

　まず、1972年と翌73年に相次いで打ち上げられた惑星探査機パイオニア10号とパイオニア11号には、地球外知的生命体へのメッセージを刻みこんだ金属板が搭載されました。

　当時は、太陽系内の様子もまだよく知られていませんでした。特に木星よりも遠い場所は、望遠鏡を使っても詳しく観測できず、未知の領域だったのです。そのため、宇宙人に遭遇することもあるかもしれないということで、金属板に男女の人間の絵や太陽系の位置などを描き、知的生命体に地球や地球人の存在を知らせようとしました。

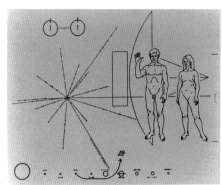

パイオニア10号やパイオニア11号には、このような金属板が取りつけられた
画像：NASA Ames

パイオニア10号のイメージ　　　　　　　　　　　　　　　　　画像：NASA Ames

パイオニア11号のイメージ　　　　　　　　　　　　　　　　　画像：NASA Ames

宇宙人に向けたメッセージは、1977年に打ち上げられた惑星探査機ボイジャー1号と2号にも搭載されました。ボイジャーに搭載されたのは銅板に金めっきが施されたレコードで、通称「ゴールデン・レコード」と呼ばれているものです。

　このレコードには、地球上の様々な音や世界の音楽、あいさつといった音声情報だけでなく、音声データに変換された画像情報も収録されています。ボイジャーに搭載されたのは、レコードだけではありません。宇宙空間の中での地球の位置などを記した金色のディスクも搭載されていて、こちらにはレコードを見つけた宇宙人が再生できるように、再生方法や再生時間なども記されています。

ボイジャー1号のイメージ（2号はほぼ同型機）　　　　　　　　　画像：NASA

　今、紹介したパイオニア10号と11号、ボイジャー1号と2号の4機の探査機は、すべて太陽系を脱出する軌道に乗っています。ただ、パイオニア10号と11号は地球との通信が途絶えているので、現在、どこにいるのかはわかりません。一方、ボイジャーは、1号が2012年8月25日に、2号が2018年11月5日に、それぞれ太陽圏の外に脱出したことが、NASAから発表されています。

　ボイジャーの2機は、太陽風の影響が及ぶ太陽圏を出たものの、太陽系から出たわけではありません。実は、太陽系がどこまで広がっているのか、まだよくわかっていないのです。太陽の重力が影響する範囲ということであれば、太陽系は太陽圏の100〜1000倍の大きさになるといわれています。

ボイジャーのゴールデン・レコード　　　　　　　　　画像：NASA/JPL-Caltech

太陽系を脱出できていない探査機が宇宙人と出会う可能性は0%に近いでしょう。仮に出会ったとしても、宇宙人が自ら地球に信号などを送ったりしない限り、地球にいる私たちが、そのことを知ることはできないのです。

　1970年代には、もう1つの方法で宇宙人にメッセージが送られています。1974年に、プエルトリコのアレシボ天文台の巨大電波望遠鏡から、アレシボ・メッセージと呼ばれる電波信号が送られました。

　アレシボ・メッセージは、数学の素数の知識を使うと、絵が復元できるしかけになっています。絵が無事に復元されると、人間が10進数を使うこと、人間の姿、DNAの化学構造式、太陽系のことなどの情報がわかります。宇宙人がこのメッセージを受け取ったかどうかは、実際に返事をもらわないとわかりませんが、50年近く経過した現在まで、宇宙人からの返信は来ていません。

アレシボ天文台
　画像：National Astronomy and Ionosphere Center, Cornell U., NSF

アレシボ・メッセージ
画像：Frank Drake（UCSC）et al.,
Arecibo Observatory（Cornell, NAIC）

知的生命体からの電波を受信せよ

　宇宙人を探すもう1つの方法は、宇宙人が発生させている電波を受信することです。私たちは、テレビ、ラジオ、携帯電話など、たくさんの電波を使っています。それらの電波は、地球上を伝わるだけでなく、宇宙にも広がっていきます。ですから、宇宙で地球から放出された電波を受信しようと思えばできるわけです。宇宙に飛び立った探査機とやり取りができるのが、何よりの証拠でしょう。

　地球で使われている電波が宇宙に広がっているということは、電波を使う宇宙人が存在すれば、彼らが使う電波も宇宙空間に広がっているはずです。そのような電波を観測することができれば、宇宙人が存在する証拠となります。

　1950年代の終わり頃に、当時の技術で遠い星との通信もできることがわかり、1960年代にアメリカの天文学者であるフランク・ドレイクによって、人工電波から宇宙人を探すオズマ計画が実施されました。このように人工電波を受信して宇宙人を探す地球外知的生命探査は英語の「Search for Extra Terrestrial Intelligence」の頭文字を取ってSETI（セチ）と呼ばれました。

　実は、初期の頃は最初につく言葉が「Search for」ではなく、「Communication with」と、宇宙人と相互通信をしようというもので、CETIと表記されていました。アレシボ天文台から送信されたアレシボ・メッセージもこの流れで実施されたものです。

　オズマ計画は1年にも満たない短期間で終わってしまいましたが、これ以降、たくさんのSETI計画が実施されてきました。有名なものでは、1999年5月から始められたSETI@homeがあります。

この時代は、日本でもパソコンやインターネットがたくさんの人に広く普及し始めた時期で、インターネットに接続されたたくさんのパソコンの空き時間を利用してデータを解析し、宇宙人からの電波を探す方法がとられました。

　インターネット回線とパソコンがあれば誰でも宇宙人探しに加わることができるという夢のある探査計画で、世界中からたくさんの人たちが参加し、分散コンピューティングの先駆けとなりました。当時はとても珍しかった分散コンピューティングも、現在はビットコインなどの仮想通貨(暗号資産)のマイニング、新型コロナウイルスの構造解析など、いろいろな用途で利用され、ふつうの家庭にあるパソコンの解析時間を取りあう状況が生まれてきました。そのような事情もあり、SETI@homeは、2020年3月末で休止となりました。

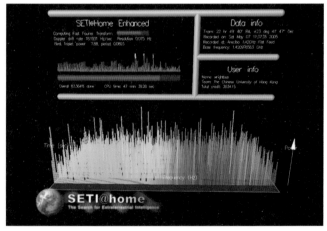

SETI@homeの画面例。家庭でスクリーンセーバーとしても使われた
画像：SETI@home, UC Berkeley SETI Team

　宇宙からの人工電波は太陽系外からやってくると想定されていることから、微弱であると予想されています。そのため、大きな望遠鏡の方が人工電波をとらえるのに向いています。そこで期待されているのが、オーストラリアと南アフリカで建設が予定されているSKA（Square Kilometre Array）という巨大な電波望遠鏡群です。オーストラリアには超短波（VHF）用のアンテナを、南アフリカには極超短波（UHF）用のパラボラアンテナを設置し、それぞれ別の周波数帯の電波を観測します。

　VHFは航空管制通信、FMラジオ放送などに、UHFはテレビ放送や携帯電話などに使われている電波です。この宇宙ではどこにいても同じ物理法則が成り立つので、宇宙人が物理法則を理解するように進化していれば、地球人と同じような周波数帯の電波を使うことに落ちつくでしょう。VHFとUHFは、ともに地球上ではよく使われている周波数なので、宇宙人が使っている可能性も高くなります。SKAでの観測によって、宇宙人が発信した人工電波をとらえることもできると期待されています。

　SKAは大規模な電波望遠鏡群のため、建設は2段階に分かれています。第一段階では、まず全体の10%程度のアンテナを建設し、2028年からの運用を目指します。第一段階の施設でも、実際に観測が始まれば、地球から50光年ほどの範囲で人工電波を発信する知的生命体がいるかどうか確認できるようになるといいます。

　第二段階の工事が終わるのは2030年以降。この望遠鏡が完成すれば、第二段階の数十倍の範囲からやってくる人工電波を観測できるようになり、この範囲で宇宙人がいるかどうかがはっきりするはずです。

SKAでは大きく分けて2種類のアンテナが設置される。その1つ、パラボラアンテナのイメージ

画像：SKAO

低い周波数の電波を受信する、SKAのアンテナ群のイメージ

画像：SKAO

宇宙人はどこに行った?

　この宇宙には数え切れないほどの恒星があります。そして、これまでの探査から、ほとんどの恒星はその周りに惑星をもっているであろうこともわかってきました。2021年7月18日現在、発見された系外惑星は4300個以上もあります。そのうち、地球に似た岩石惑星のスーパーアースと見られるものは1500個を超えています。

　現在の技術で、地球から観測できる範囲だけでも、これだけの数があるのですから、宇宙全体に広げると、スーパーアースだけでも数え切れないほどの数が存在するでしょう。このように考えていくと、地球は決して特別な惑星ではないことがわかってきます。ということは、生命も決して特別な存在ではないはずです。

　でも、この宇宙のどこかに地球外知的生命体(宇宙人)がいるのであれば、宇宙全体に広がっていてもいいのではないでしょうか。現在、地球上では赤道から極地方まで、ほとんどの場所に人間が広がっています。歴史を振り返ってみると、チンパンジーとヒトの共通祖先から、それぞれの祖先に分かれたのは、今から約700万年前といわれています。

　最初のヒトの祖先は東アフリカで登場したと考えられています。そして、長い時間をかけて地球全体に広がっていきました。その中には、太平洋の小さな島々もあり、現代に暮らす私たちからすれば、「いったいどうやって移動してきたのか」と考えてしまうような場所もあります。

　人間のような知的生命体が珍しいものでないならば、宇宙はもっとたくさんの生命であふれていてもいいはずです。しかし、今のと

ころ、この宇宙では地球人以外の知的生命体は発見されていません。これは大きな矛盾といえます。この矛盾のことを「フェルミのパラドックス」といいます。

フェルミとは、20世紀前半を生きたイタリア出身の物理学者エンリコ・フェルミのことです。彼は量子力学や原子核物理学などの分野で大きな功績を残し、現代物理学を築き上げた1人です。1938年には、新しい放射性元素の研究や原子核反応の研究に対してノーベル物理学賞が贈られています。

そのフェルミが1950年に仲間の物理学者とUFOや超光速移動の証拠が得られる可能性などについて話をした後、おもむろに「みんなどこにいるんだろうね」といったそうです。フェルミのいう「みんな」とは、話の流れから宇宙人のこと。

フェルミは20世紀を代表するような天才物理学者です。単なる思いつきで、そういうことをいったのではありません。フェルミは、一見、答えのないような問題に対して、答えの大きさを推定していく独特の思考方法でものごとを考えることがよくありました。大ざっぱでも答えを推定していくことで、問題の本質をつかんでいこうという姿勢です。

フェルミの「みんなどこにいるんだろうね」発言も、頭の中でいろいろな計算をしたうえで、「地球に宇宙人が来てもおかしくはない」という結論を得てのものだったのでしょう。しかし実際には、宇宙人はその痕跡すら発

見されていません。これがフェルミのパラドックスの中身です。

　フェルミのパラドックスについては、たくさんの人たちがその答えを考えています。その内容は、「宇宙人はもう地球に来ている」「宇宙人は存在しない」「存在するけど、連絡したり、信号を受け取ったりできない」など、様々です。宇宙は私たちが想像できないほど広がっていますし、138億年という途方もない歴史があります。

　その中で宇宙人が登場しても、地球人類が発見できるとは限りません。地球に人類が登場するまでにも46億年ほどの時間がかかっています。宇宙人が登場した時期や文明が発達する時期がずれていたら、お互いに気づくことはないでしょう。さらに、現在、この宇宙のどこかに宇宙人がいたとして、地球から遠すぎる場合は、やはりお互いに気づかずに終わってしまう可能性が高いのです。宇宙人が存在する証拠をつかむのは、多くの人たちが考えている以上にたいへんなのかもしれません。

東アフリカから、世界中に移動した人類のイメージ
画像：Peter Hermes Furian/stock.adobe.com

エンリコ・フェルミ（1901～1954年）

地球と地球外の生命は同じ?

　現在、私たちは地球の生命を参考にして地球外生命について考えています。でも、地球外生命は、地球の生命とは違うものかもしれません。例えば、地球に近い場所に多いのは赤色矮星の周囲を回る惑星たち。

　赤色矮星は太陽よりも暗く、赤い色をしています。赤色矮星は太陽よりも寿命が長いので、その周りの惑星に生命が育まれていたならば、その生命は地球の生命よりも長い期間、生存する可能性があります。

　しかし、赤色矮星は太陽のような恒星よりも活動的で、フレアがたくさん発生するといわれています。フレアが発生すると、その周りにある惑星にもエネルギーの高い紫外線や放射線がたくさんやってくるので、そもそも生命が育まれないのではという議論もあります。生命に対する紫外線や放射線の影響は、未だによくわかっていません。系外惑星では、進化の過程で、紫外線や放射線に強い種が生まれてくる可能性もあるからです。

　また、赤色矮星の周囲に位置する惑星では、植物の葉の色が緑色ではない可能性も考えられていました。地球上の植物は葉で光を吸収し、光合成をします。このとき、緑色の波長の光があまり使われずに反射されるため、葉が緑色に見えます。

　また、地球の植物は、可視光と近赤外線の境界にあたる700ナノメートルの波長の光を強く反射する特徴をもっていて、この特徴を「レッドエッジ」と呼んでいます。赤色矮星からやってくる光は可視光よりも近赤外線の方が強いために、このような恒星の周りにある系外惑星に生まれた植物は、近赤外線を有効に使うと考えられていました。その場合、レッドエッジはもっと長波長側に移動することになります。

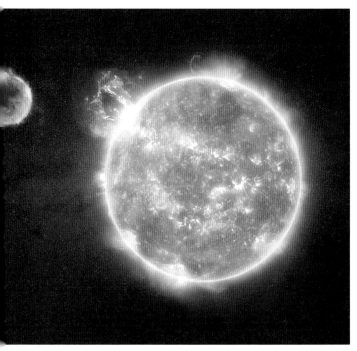

赤色矮星であるバーナード星（右）のフレアが、系外惑星（左）の大気に影響しているイメージ
X-ray light curve: NASA/CXC/University of Colorado/K. France et al.; Illustration: NASA/CXC/M. Weiss

しかし、研究者たちが赤色矮星の周囲にある惑星に生命が存在していると想定して検証してみたところ、意外なことに、地球と同じような700ナノメートルの波長にレッドエッジをもつ植物が繁栄する可能性が高いことが示されたのです。赤色矮星の周りにある惑星でも、最初に登場する生命は水の中で暮らすと考えられています。水は赤外線を吸収するので、水深が1m以上になると可視光だけを活用する生物が優勢になるため、このような惑星でも地球と同じような波長を吸収する植物が栄える可能性が高いのです。

　もちろん、実際の系外惑星がどのような環境になっているのかは、今は誰にもわかりません。今後、より詳しい探査をすることで、ハビタブルゾーンの中にあるスーパーアースの環境がよりよくわかってくるはずです。このような地道な研究の積み重ねによって、地球外生命の存在が明らかになっていくことでしょう。

赤色矮星の惑星地表に近赤外線が降りそそいでいる様子（左）と、地球地表が可視光に照らされている様子（右）のイメージ。水の中には近赤外線が届かず、地球とよく似た環境が広がっていると考えられる
画像：国立天文台

《 参 考 書 籍 》

日本地球惑星科学連合編『地球・惑星・生命』(東京大学出版会、2020年)

成田憲保著『地球は特別な惑星か?』(講談社、2020年)

縣秀彦著『地球外生命体』(幻冬舎、2015年)

渡部潤一著『第二の地球が見つかる日』(朝日新聞出版、2019年)

鳴沢真也著『連星からみた宇宙』(講談社、2020年)

井田 茂 / 田村元秀 / 生駒大洋 / 関根康人編『系外惑星の事典』(朝倉書店、2016年)

スティーヴン・ウェッブ著、松浦俊輔訳『広い宇宙に地球人しか見当たらない75の理由』(青土社、2018年)

荒舩良孝著『宇宙と生命　最前線の「すごい!」話』(2020年、青春出版社)

藤井 旭監修、藤井 旭 / 荒舩良孝著『火星の科学』(2018年、誠文堂新光社)

山岸明彦著『生命はいつ、どこで、どのように生まれたのか』(2015年、集英社インターナショナル)

井田 茂著『ハビタブルな宇宙』(2019年、春秋社)

《 参 考 ウ ェ ブ サ イ ト 》

JAXA
https://www.jaxa.jp/

JAXA宇宙科学研究所
https://www.isas.jaxa.jp/

NASA
https://www.nasa.gov/
https://exoplanets.nasa.gov/

ESA
https://www.esa.int/

ESO
https://www.eso.org/

SKA
https://www.skatelescope.org/

The Nobel Prize
https://www.nobelprize.org/

国立天文台
https://www.nao.ac.jp/

JAMSTEC
http://www.jamstec.go.jp/

NOAA
https://www.noaa.gov/

索引（天体）

索引（探査機・天文台など）

巻末付録 注目の系外惑星

* 本書で紹介した系外惑星について、Planetary Habitability Laboratory による "Habitable Exoplanets Catalog"（2021年7月時点）を参照してランキング
* ESI とは「地球類似性指標」の意味。地球を1としたときに、どれだけ似ているかを示す

ハビタブルゾーンにあると考えられる系外惑星

	惑星名	ESI	掲載ページ
1	ティーガーデンb	0.95	158
2	TOI-700d	0.93	118
3	トラピスト1d	0.9	146
4	ケプラー1649c	0.9	160
5	プロキシマ・ケンタウリb	0.87	140
6	ロス128b	0.86	156
7	トラピスト1e	0.85	146
8	ケプラー442b	0.84	134
9	グリーゼ667Cc	0.8	124
10	グリーゼ667Cf	0.77	124
11	ケプラー1229b	0.73	154
12	トラピスト1f	0.68	146
13	ケプラー62f	0.68	128
14	ティーガーデンc	0.68	158
15	ケプラー186f	0.61	130
16	グリーゼ667Ce	0.6	124
17	トラピスト1g	0.58	146

楽観的に考えるとハビタブルゾーンにある系外惑星
（岩石惑星でない、または液体の水が存在する可能性が低い）

	惑星名	ESI	掲載ページ
1	ケプラー452b	0.83	136
2	ケプラー62e	0.83	128
3	K2-18b	0.71	138
4	ケプラー22b	0.71	126

science·i

「科学の世紀」の羅針盤

20世紀に生まれた広域ネットワークとコンピュータサイエンスによって、科学技術は目を見張るほど発展し、高度情報化社会が訪れました。いまや科学は私たちの暮らしに身近なものとなり、それなくしては成り立たないほど強い影響力を持っているといえるでしょう。

『サイエンス・アイ新書』は、この「科学の世紀」と呼ぶにふさわしい21世紀の羅針盤を目指して創刊しました。情報通信と科学分野における革新的な発明や発見を誰にでも理解できるように、基本の原理や仕組みのところから図解を交えてわかりやすく解説します。科学技術に関心のある高校生や大学生、社会人にとって、サイエンス・アイ新書は科学的な視点で物事をとらえる機会になるだけでなく、論理的な思考法を学ぶ機会にもなることでしょう。もちろん、宇宙の歴史から生物の遺伝子の働きまで、複雑な自然科学の謎も単純な法則で明快に理解できるようになります。

一般教養を高めることはもちろん、科学の世界へ飛び立つためのガイドとしてサイエンス・アイ新書シリーズを役立てていただければ、それに勝る喜びはありません。21世紀を賢く生きるための科学の力をサイエンス・アイ新書で培っていただけると信じています。

2006年10月

※サイエンス・アイ（Science i）は、21世紀の科学を支える情報（Information）、
知識（Intelligence）、革新（Innovation）を表現する「i」からネーミングされています。

science·i

サイエンス・アイ新書

SIS-447

http://sciencei.sbcr.jp/

生き物がいるかもしれない
星の図鑑
太陽系や系外惑星、億兆の中に生命はあるか

2021年8月25日　初版第1刷発行

著　　者	荒舩良孝
発 行 者	小川 淳
発 行 所	SBクリエイティブ株式会社
	〒106-0032　東京都港区六本木2-4-5
	電話：03-5549-1201（営業部）
装　　丁	渡辺 縁
組　　版	クニメディア株式会社
印刷·製本	株式会社シナノ パブリッシング プレス

乱丁·落丁本が万が一ございましたら、小社営業部まで着払いにてご送付ください。送料
小社負担にてお取り替えいたします。本書の内容の一部あるいは全部を無断で複写（コピ
ー）することは、かたくお断りいたします。本書の内容に関するご質問等は、小社ビジュアル
書籍編集部まで必ず書面にてご連絡いただきますようお願いいたします。

本書をお読みになったご意見·ご感想を
下記URL、右記QRコードよりお寄せください。
https://isbn2.sbcr.jp/01805/

©荒舩良孝　2021　Printed in Japan　ISBN 978-4-8156-0180-5